"十四五"职业教育国家规划教材

机械制图测绘实训指导

（第四版）

AR版

◎主　编　高玉芬
◎副主编　刘　欣　王玉林
　　　　　张　利

大连理工大学出版社

图书在版编目(CIP)数据

机械制图测绘实训指导 / 高玉芬主编. — 4 版. — 大连：大连理工大学出版社，2021.10(2023.11 重印)
新世纪高职高专装备制造大类专业基础课系列规划教材
ISBN 978-7-5685-3239-6

Ⅰ.①机… Ⅱ.①高… Ⅲ.①机械制图－测绘－高等职业教育－教材 Ⅳ.①TH126

中国版本图书馆 CIP 数据核字(2021)第 213424 号

大连理工大学出版社出版

地址：大连市软件园路 80 号　邮政编码：116023
发行：0411-84708842　邮购：0411-84708943　传真：0411-84701466
E-mail：dutp@dutp.cn　URL：https://www.dutp.cn
大连图腾彩色印刷有限公司印刷　　大连理工大学出版社发行

幅面尺寸：185mm×260mm　　印张：10　　字数：237 千字
2009 年 9 月第 1 版　　　　　　　　　　　2021 年 10 月第 4 版
2023 年 11 月第 3 次印刷

责任编辑：吴媛媛　　　　　　　　责任校对：陈星源
封面设计：方　茜

ISBN 978-7-5685-3239-6　　　　　　　　　　定　价：35.00 元

本书如有印装质量问题，请与我社发行部联系更换。

前 言

《机械制图测绘实训指导》(第四版)是"十四五"职业教育国家规划教材、"十二五"职业教育国家规划教材,也是新世纪高职高专装备制造大类专业基础课系列规划教材之一。

机械制图测绘实训是在机械制图课程结束之后进行的重要的实践性教学环节。它是提高学生制图水平行之有效的方法,通过实训使学生能够达到:

1. 加强、巩固、深化、扩展所学的理论知识。
2. 掌握对实物机械部件的拆装和零部件测绘的方法。
3. 掌握拆卸工具和测绘工具的使用方法。
4. 提高徒手绘制图形的能力。
5. 提高零件图上尺寸标注、尺寸公差标注及几何公差标注的能力。
6. 提高学生对零件图和装配图的表达能力。
7. 了解并应用机械设计、互换性、机械工艺等初步知识。
8. 提高创新和创业的能力。

本教材依据高职教育的思想和理念,注重学生实践动手能力的培养,采用中等复杂程度、适合高职机械制图测绘要求的、来自生产实际的零部件作为测绘实例,按照基于工作过程的课程开发模式进行编写,并执行我国现行的《技术制图》和《机械制图》国家标准。

本教材在注重专业人才培养的基础上,紧密结合党的二十大精神,落实立德树人根本任务,通过"素养提升"内容,实现"德+技"双修育人。

本教材内容包括基础篇和技能篇。基础篇为零部件测绘的基础知识,主要介绍零件尺寸常用的测量方法、零件上常见的工艺结构、装配工艺结构、零件技术要求的确定、常用金属材料、徒手绘图的方法及零部件测绘的内容与步骤。技能篇为零部件测绘,分别介绍了机用虎钳、齿轮油泵、转子油泵、截止阀、一级直齿圆柱齿轮减速器的测绘。

为方便教师教学和学生自学,本教材配有电子课件及AR资源。其中AR资源需先用移动设备在小米、360、百度、腾讯、华为等应用商店里下载或"大工职教学生版"App,安装后点击

"教材AR扫描入口"按钮，扫描书中带有 AR 标识的图片，即可体验增强现实技术带来的学习乐趣。

本教材适用于高职高专机械类专业机械制图测绘实训的教学，也可以用于课程设计、毕业设计的教学参考，还可用于实际测绘工作的参考。

本教材由辽宁机电职业技术学院高玉芬任主编，天门职业学院刘欣及辽宁黄海汽车（集团）有限责任公司工程师王玉林、张利任副主编。具体编写分工如下：基础篇和技能篇的任务2由高玉芬编写；技能篇的任务1由王玉林编写；技能篇的任务3由张利编写；技能篇的任务4、5由刘欣编写。全书由高玉芬负责统稿和定稿。

在编写本教材的过程中，编者参考、引用和改编了国内外出版物中的相关资料以及网络资源，在此表示深深的谢意！相关著作权人看到本教材后，请与出版社联系，出版社将按照相关法律的规定支付稿酬。

最后，恳请使用本教材的广大读者在使用过程中对书中的错误和不足予以关注，并将意见和建议及时反馈给我们，以便修订时完善。

编　者

所有意见和建议请发往：dutpgz@163.com
欢迎访问职教数字化服务平台：https://www.dutp.cn/sve/
联系电话：0411-84707424　84706676

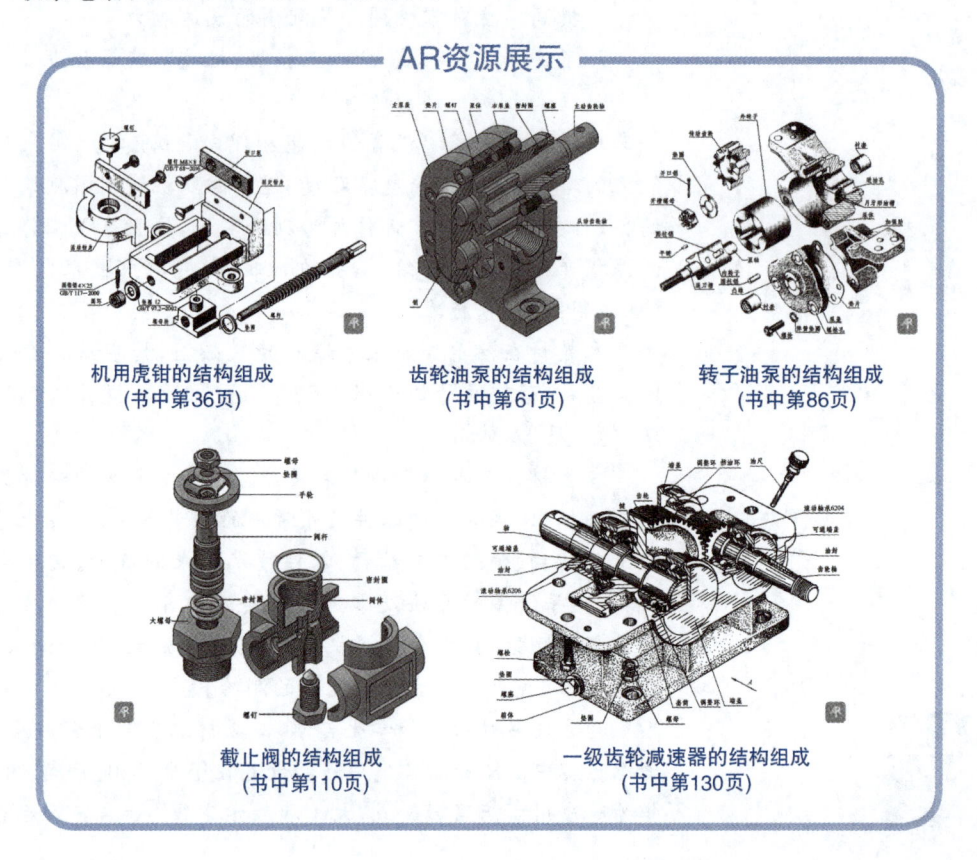

AR资源展示

机用虎钳的结构组成
（书中第36页）

齿轮油泵的结构组成
（书中第61页）

转子油泵的结构组成
（书中第86页）

截止阀的结构组成
（书中第110页）

一级齿轮减速器的结构组成
（书中第130页）

目 录

基础篇　零部件测绘的基础知识

任务 1　零件尺寸常用的测量方法 …………………………………………………… 3

任务 2　零件上常见的工艺结构 ……………………………………………………… 10

任务 3　装配工艺结构 ………………………………………………………………… 14

任务 4　零件技术要求的确定 ………………………………………………………… 19

任务 5　常用金属材料 ………………………………………………………………… 23

任务 6　徒手绘图的方法 ……………………………………………………………… 26

任务 7　零部件测绘的内容与步骤 …………………………………………………… 30

技能篇　零部件测绘

任务 1　机用虎钳的测绘 ……………………………………………………………… 35

任务 2　齿轮油泵的测绘 ……………………………………………………………… 60

任务 3　转子油泵的测绘 ……………………………………………………………… 84

任务 4　截止阀的测绘 ………………………………………………………………… 109

任务 5　一级直齿圆柱齿轮减速器的测绘 …………………………………………… 129

参考文献 ………………………………………………………………………………… 154

基础篇

零部件测绘的基础知识

任务1
零件尺寸常用的测量方法

学习目标 >>>

掌握长度、直径、孔间距、壁厚、中心高度的尺寸测量方法以及螺纹、齿轮、曲面和曲线轮廓的测量方法,了解钢板尺、游标卡尺、内卡钳、外卡钳、螺纹规等测量工具的结构、工作原理及使用方法。

问题引导 >>>

1. 长度尺寸的测量工具有哪些?
2. 直径尺寸的测量工具有哪些?
3. 螺纹的测量都需要确定哪些参数?螺纹的牙型如何测量?螺纹的螺距如何测量?内、外螺纹的大径如何测量?
4. 对于零件上精度要求较高的圆角半径用什么工具进行测量?

素养提升 >>>

为了实现大批量生产,从19世纪起,人们就开始探索机械的自动化。首先从军事领域开始,采取互换式生产方式,各种新式、互换式机床应运而生,千分尺等大批测量用器具被制造出来。在对管理模式的研究下,机械制造开始走向自动化。正确地使用测量工具及仪器,采用正确的测量方法,获得零件生产加工所需的尺寸,是零部件测绘的基本要求。

零件尺寸的测量是零件测绘过程中的重要步骤。常用的测量工具有钢板尺、外卡钳、内卡钳、游标卡尺和千分尺等,测量时应根据所测尺寸的特点及精度选择测量工具。测量尺寸时必须注意以下几点:

(1)根据零件的精确程度,选用相应的测量工具;
(2)有配合关系的尺寸,如孔与轴的配合,一般只要量出公称尺寸(通常测量轴比较容易),其配合性质和相应的公差,根据设计要求查阅有关手册确定;
(3)没有配合关系的尺寸或不重要的尺寸,允许将测量所得的尺寸适当圆整(调整到整数);
(4)对于螺纹、键槽、齿轮等标准结构,其测量结果或根据测量结果计算的参数,应查有关的标准,取标准值以便于制造。

常见零件尺寸的测量方法如下:

1. 长度尺寸的测量

长度尺寸可以用钢板尺或游标卡尺直接测量,如图 1-1-1 所示。

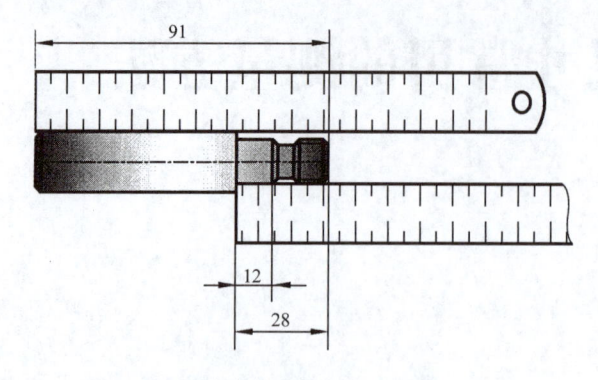

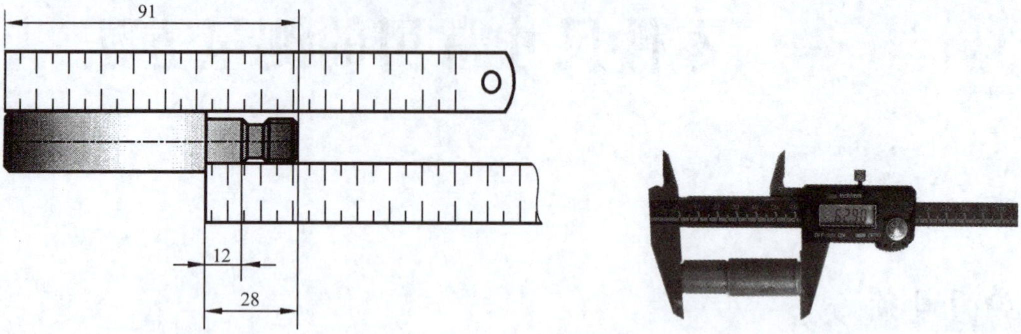

(a)用钢板尺直接测量长度尺寸　　(b)用游标卡尺直接测量长度尺寸

图 1-1-1　长度尺寸的测量

2. 直径尺寸的测量

直径尺寸可以用内、外卡钳间接测量或用游标卡尺直接测量,如图 1-1-2 所示。

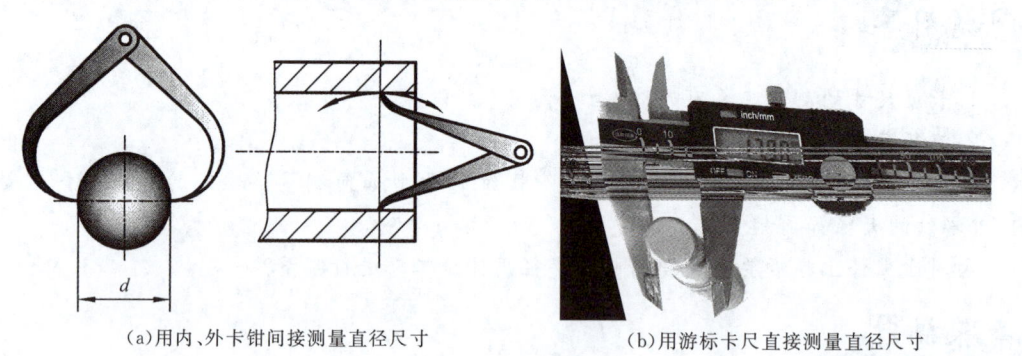

(a)用内、外卡钳间接测量直径尺寸　　(b)用游标卡尺直接测量直径尺寸

图 1-1-2　直径尺寸的测量

3. 孔间距尺寸的测量

孔间距尺寸可以用内、外卡钳和钢板尺、游标卡尺结合测量,如图 1-1-3 所示。

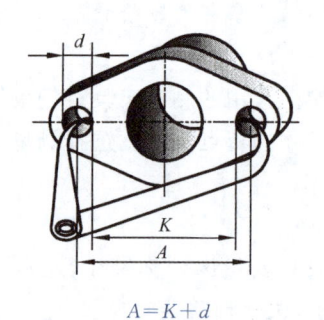

$A=K+d$　　　　　　　　$A=K-(D+d)/2$
(a)用外卡钳间接测量孔间距尺寸　　(b)用内卡钳间接测量孔间距尺寸

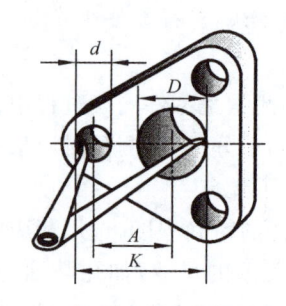

图 1-1-3　孔间距尺寸的测量

4. 壁厚尺寸的测量

壁厚尺寸可以用钢板尺直接测量,也可以用内、外卡钳与钢板尺结合测量,如图 1-1-4 所示。

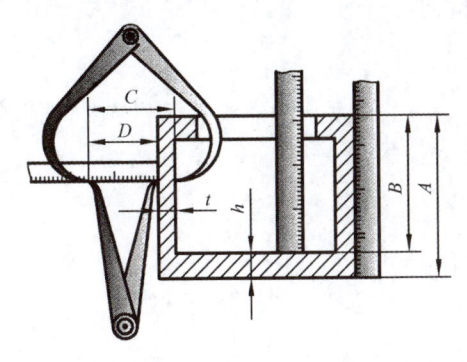

$$h=A-B \quad t=C-D$$

图 1-1-4 壁厚尺寸的测量

5. 中心高度尺寸的测量

中心高度尺寸可以用钢板尺直接测量,也可以用钢板尺和内卡钳(或游标卡尺)结合测量,如图 1-1-5 所示。

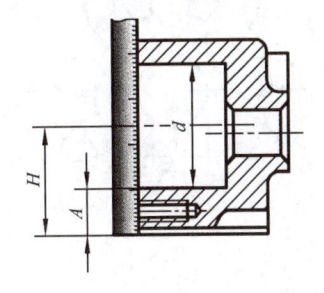

$$H=A+d/2$$

(a)用钢板尺直接测量中心高度尺寸

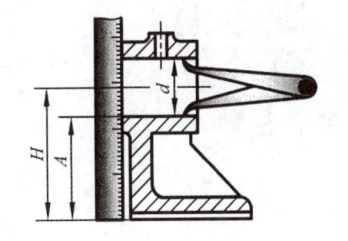

$$H=A+d/2$$

(b)用内卡钳和钢板尺间接测量中心高度尺寸

图 1-1-5 中心高度尺寸的测量

6. 螺纹的测量

螺纹需要确定其牙型、螺距、大径、线数和旋向。

(1)螺纹牙型和螺距的测量

螺纹的牙型可以用螺纹规或用目测来确定,螺纹的螺距可以用螺纹规直接测量或用钢板尺测量,如图 1-1-6 所示。

(2)螺纹大径的测量

外螺纹可以用游标卡尺直接测量螺纹的大径。内螺纹的大径,若有与其旋合的外螺纹,那么测出外螺纹的大径,即是内螺纹的大径;若没有与其旋合的外螺纹,可以用游标卡尺测出其小径,然

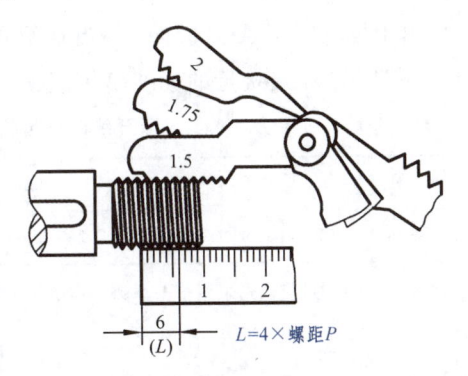

$$L=4\times 螺距P$$

图 1-1-6 螺纹牙型和螺距的测量

后查表确定其大径。

（3）确定螺纹的线数和旋向

用目测螺纹的线数和旋向。

（4）取标准值

根据牙型、大径、螺距，与有关的手册中螺纹的标准核对，选取相近的标准值。

7. 齿轮的测量

（1）数出齿数

如图 1-1-7(a)所示齿轮，$z=30$。

（2）确定齿顶圆直径 d'_a

当齿轮的齿数为偶数时，可以用游标卡尺直接测量齿轮的齿顶圆直径 d'_a，如图 1-1-7(a)所示，$d'_a=79.23$ mm；当齿数为奇数而不能直接测量时，可按图 1-1-7(b)所示的方法测量出齿轮孔的直径 d 和孔的边缘到齿顶的距离 e，则 $d'_a=d+2e$。

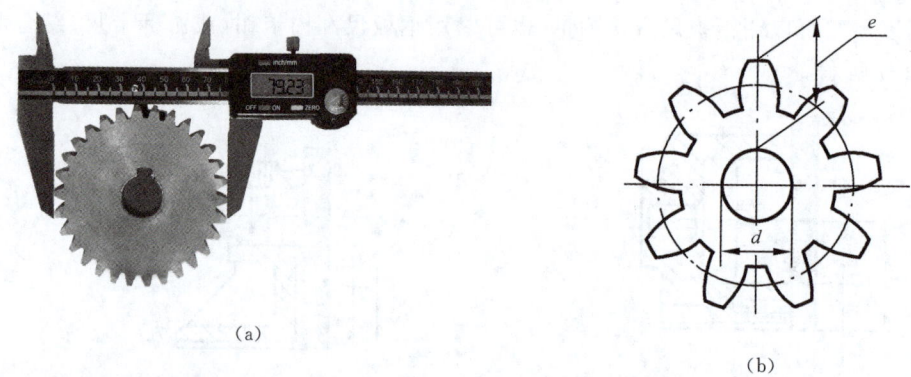

（a）

（b）

图 1-1-7　齿轮齿顶圆直径的测量

（3）计算齿轮的模数

根据 $d'_a=m'(z+2)$，求出 $m'=d'_a/(z+2)=79.23/(30+2)=2.48$ mm。

（4）修正模数

由于齿轮磨损或测量误差，当计算的模数不是标准模数时，应在标准模数表中（表1-1-1）选用与 m' 最接近的标准模数，取 $m=2.5$ mm。

表 1-1-1　　　　渐开线圆柱齿轮模数（GB/T 1357—2008）　　　　　　mm

第一系列	1	1.25	1.5	2	2.5	3	4	5	6	8	10	12	16	20	25	32	40	50
第二系列	1.125	1.375	1.75	2.25	2.75	3.5	4.5	5.5	(6.5)	7	9	11	14	18	22	28	36	45

注：选用模数时，应优先采用第一系列，其次是第二系列，括号内的模数"6.5"尽可能不用。本标准不适用于汽车齿轮。

(5) 计算齿轮轮齿部分的其他尺寸

分度圆直径 $d = mz = 2.5 \times 30 = 75$ mm

齿根圆直径 $d_f = m(z - 2.5) = 2.5 \times (30 - 2.5) = 68.75$ mm

齿顶圆直径 $d_a = m(z + 2) = 2.5 \times (30 + 2) = 80$ mm

齿顶高 $h_a = m = 2.5$ mm

齿根高 $h_f = 1.25m = 3.125$ mm

(6) 测量齿轮其他部分的尺寸

齿轮其他部分的尺寸可以按实物测量。

8. 曲面和曲线轮廓的测量

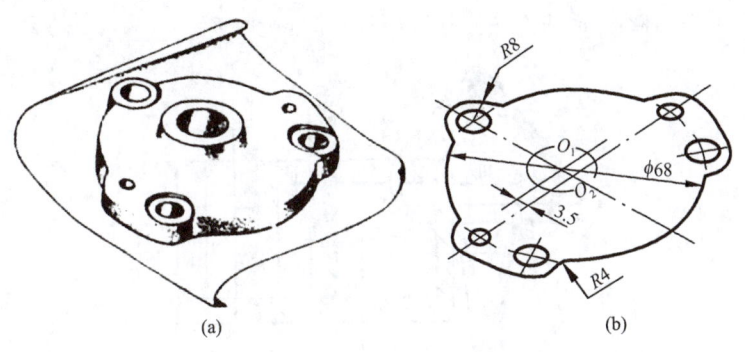

(1) 对精度要求不高的曲面和曲线轮廓，可以用拓印法测量。如图1-1-8所示的泵盖，其外形的圆弧连接曲线直接测量有困难，可以先在泵盖断面涂上一些油，再放在纸上拓印出它的外形轮廓，然后用几何作图的方法求出各圆弧的圆心位置 O_1 和 O_2 以及各圆弧的尺寸 $\phi 68$ mm、$R8$ mm、$R4$ mm、3.5 mm。

(a)　　　　　　　　　　(b)

图 1-1-8　用拓印法测量曲面和曲线轮廓

(2) 对精度要求较高的曲面和曲线轮廓，可以用圆角规测量圆弧半径，用坐标法测量非圆曲线，如图1-1-9所示。

(a) 用圆角规测量圆弧半径　　　　(b) 用坐标法测量非圆曲线

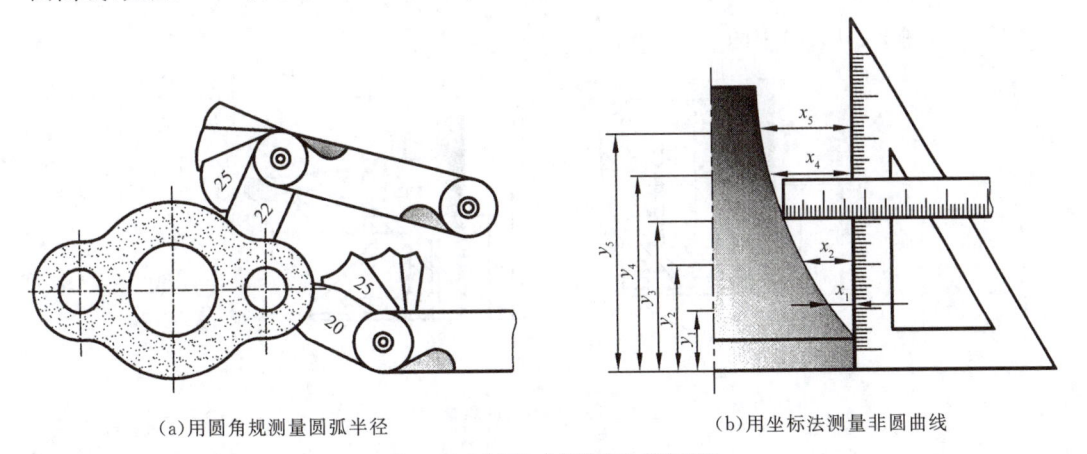

图 1-1-9　曲面和曲线轮廓的精确测量

拓 展 训 练

一、填空

1. 采用如图 1-1-10 所示的方法测量孔间距时,孔间距 $A=$ _____ 。
2. 采用如图 1-1-11 所示的方法测量孔间距时,孔间距 $A=$ _____ 。

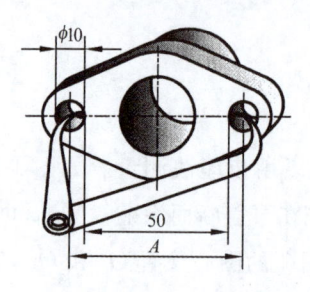

图 1-1-10　孔间距测量(1)　　　图 1-1-11　孔间距测量(2)

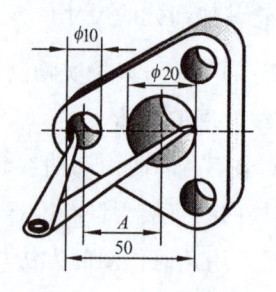

3. 采用如图 1-1-12 所示的方法测量壁厚尺寸时,壁厚 $h=$ _____ ,壁厚 $t=$ _____ 。

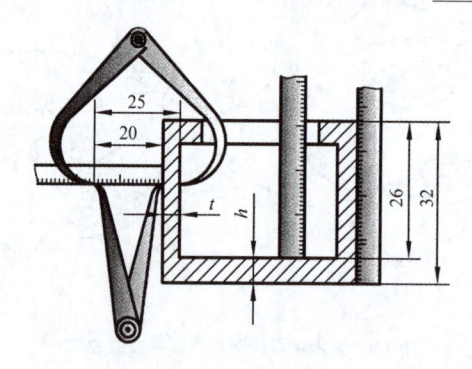

图 1-1-12　壁厚测量

4. 采用如图 1-1-13 所示的方法测量中心高度尺寸 H 时,图 1-1-13(a)中的 $H=$ _____ ,图 1-1-13(b)中的 $H=$ _____ 。

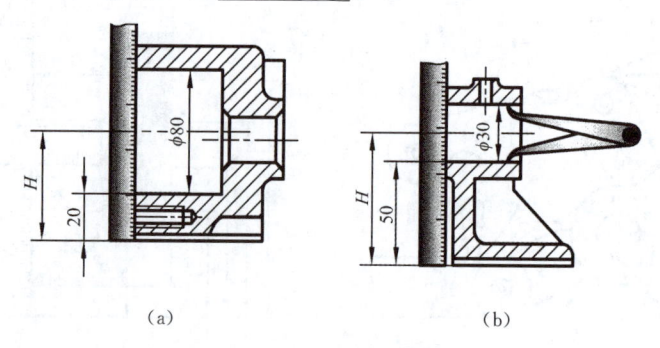

(a)　　　(b)

图 1-1-13　中心高度测量

二、简答

1. 零件尺寸测量时有哪些注意事项？

2. 齿轮测量时,齿轮的模数如何确定？

任务2 零件上常见的工艺结构

学习目标 >>>

了解零件上常见的工艺结构,如铸造圆角、起模斜度、铸件壁厚、倒角、圆角、退刀槽、越程槽、凸台、凹坑、钻孔结构等的作用、要求及标注方法。

问题引导 >>>

1. 对于铸造毛坯,零件表面为什么要设计出铸造圆角和起模斜度?
2. 铸件壁厚不均匀对零件的质量有影响吗?为什么?
3. 零件上倒角和圆角结构的作用是什么?
4. 退刀槽和越程槽的作用是什么?
5. 零件上为什么要有凸台或凹坑?

素养提升 >>>

零件上的工艺结构将直接影响零件的性能及零件加工方法,问题虽小,但作用巨大。在对零件结构的研究中,应认真仔细,考虑周到,不放过任何一个细节。正所谓做事斤斤计较,但做人要落落大方。

绝大部分零件都是通过铸造和机械加工制成的,因此,在进行零件测绘时,除了满足零件的工作性能外,还要考虑零件在铸造和机械加工时,要具有合理的工艺性。了解和熟悉零件的工艺结构对测绘零件有很大的帮助。零件上常见的工艺结构如下:

1. 铸造圆角与起模斜度

铸件表面相交处应设计铸造圆角,以免铸造砂型在脱模时转角处容易落砂或冷却时产生裂纹或缩孔,造成不必要的废品。

铸造时为了方便把模样从砂型中取出,在铸件的内外壁沿起模方向应有斜度,这个斜度叫做起模斜度。起模斜度在零件图上可以不标注,也可以不画出,必要时可在技术要求上说明。铸造圆角与起模斜度如图1-2-1所示。

(a)正确　　　(b)错误

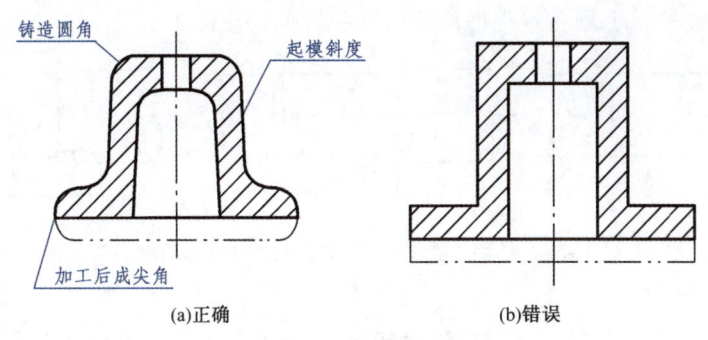

图 1-2-1　铸造圆角与起模斜度

2. 铸件壁厚

铸件各部分壁厚不均匀,造成冷却速度不一样,容易产生缩孔或裂纹。因此,不同壁厚要均匀过渡,避免突然变厚或局部肥大现象,如图 1-2-2 所示。

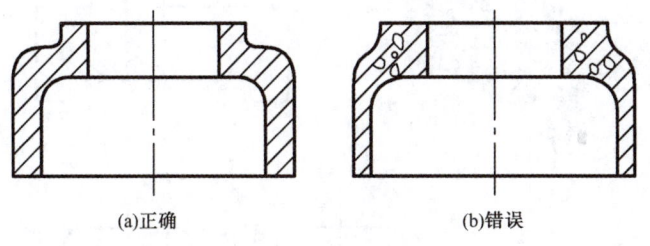

(a)正确　　　(b)错误

图 1-2-2　铸件壁厚

3. 倒角和圆角

为了便于装配和操作安全,常将轴和孔的端部加工成倒角,为避免因应力而产生裂纹,轴肩处应有圆角过渡,如图 1-2-3 所示。当倒角角度为 45°时,尺寸标注可简化,如图 1-2-3 中的 $C2$。

4. 退刀槽和越程槽

零件在车削和磨削时,为了刀具能走完加工表面而又不碰撞与其相邻部位,同时又能使相关的零件在装配时易于靠紧,常在轴肩处、孔的台肩处预先车削出退刀槽或越程槽,如图 1-2-4 所示。具体的结构和尺寸可以查阅有关的标准和手册。

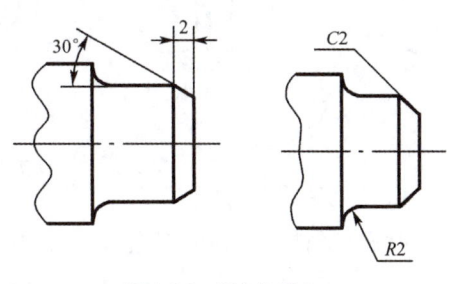

图 1-2-3　倒角和圆角

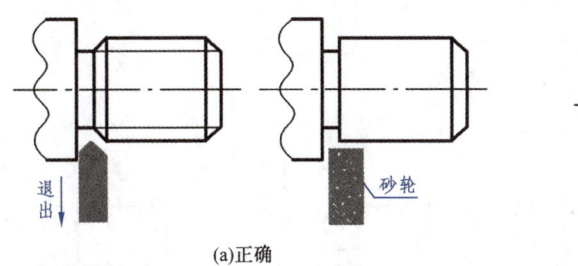

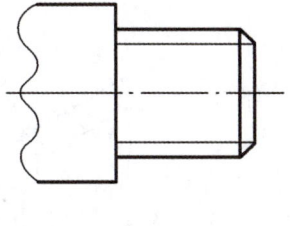

(a)正确　　　(b)错误

图 1-2-4　退刀槽和越程槽

图 1-2-5 给出了退刀槽和越程槽尺寸的三种常见标注法。

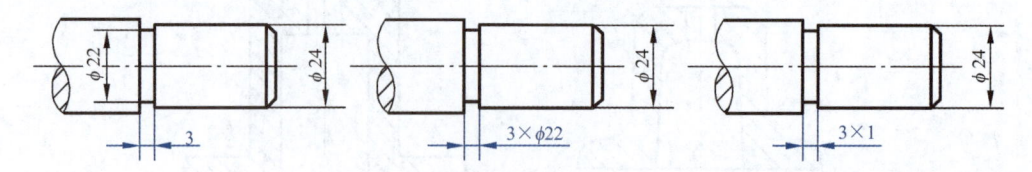

图 1-2-5　退刀槽和越程槽尺寸的三种常见标注法

5. 凸台和凹坑

为了减少加工面积及保证两表面接触良好，应尽量缩小加工面积或接触面积，因此常把零件的表面做成凸台或凹坑，如图 1-2-6(a)所示。图 1-2-6(b)给出了正确与错误的比较。

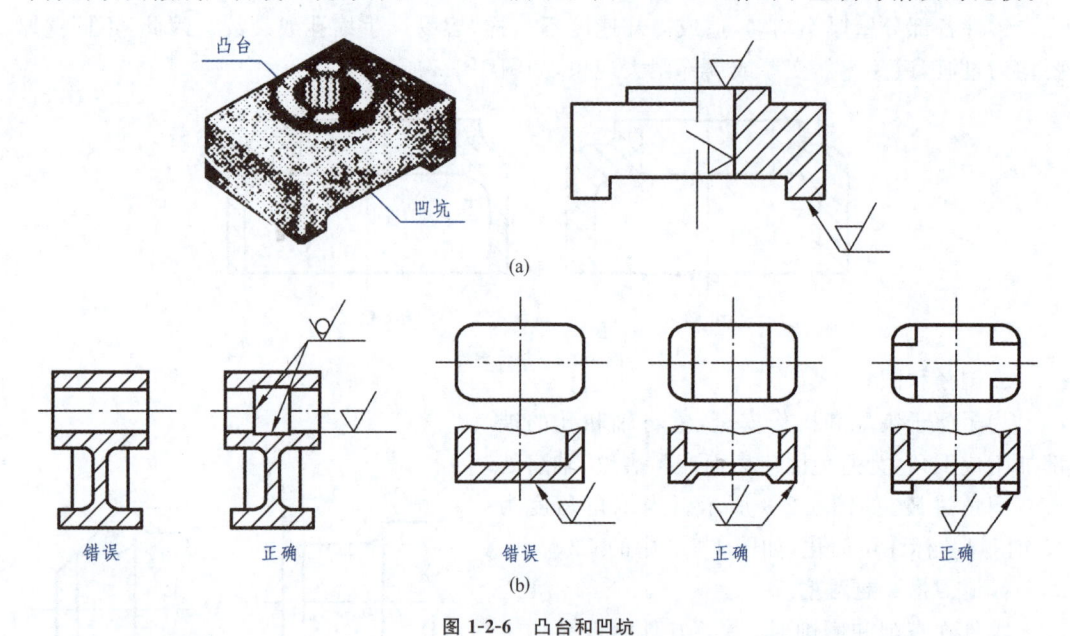

图 1-2-6　凸台和凹坑

6. 钻孔结构

钻孔时，被钻孔的端面应与钻头轴线垂直，以避免钻孔偏斜和钻头折断。当被加工的表面倾斜时，可设置凸台或凹坑，钻头钻透时的结构要考虑到不使钻头单边受力，如图 1-2-7 所示。

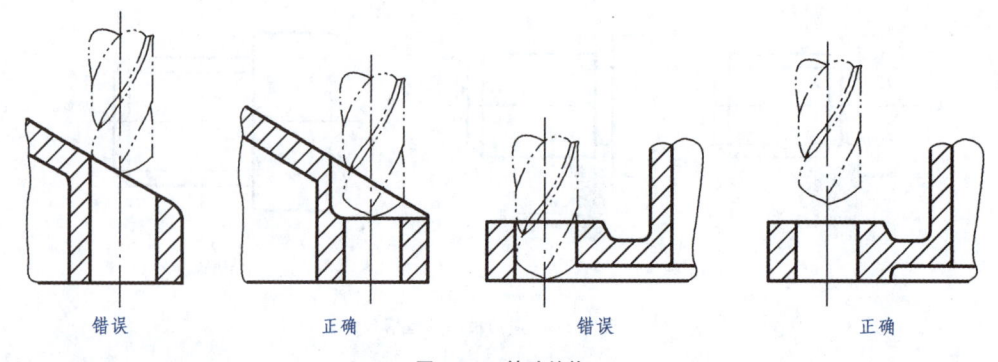

图 1-2-7　钻孔结构

拓 展 训 练

一、填空

1. 如图 1-2-8 所示的尺寸 3×1 中,3 表示＿＿＿＿,1 表示＿＿＿＿。

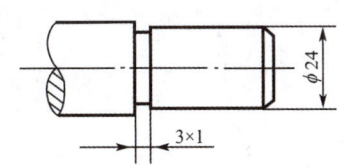

图 1-2-8　尺寸标注(1)

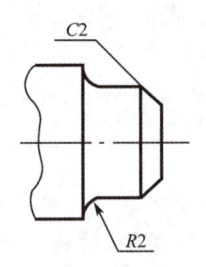

2. 如图 1-2-9 所示的倒角尺寸 C2 中,C 表示＿＿＿＿,2 表示＿＿＿＿。

图 1-2-9　尺寸标注(2)

二、简答

钻孔时,若零件表面与孔的轴线不垂直应如何处理？为什么？

任务3
装配工艺结构

学习目标 >>>

了解各种装配工艺结构,如两个零件在同一方向上接触面的数量、两个零件接触转角处的结构、螺纹连接、滚动轴承的固定与拆卸、密封装置、销连接等的基本要求、处理方法和绘图注意事项。

问题引导 >>>

1. 装配在一起的两个零件在同一方向上可以有几组接触面?为什么?
2. 为了保证轴肩平面与孔端良好的接触,对孔端或轴肩处应做如何处理?
3. 滚动轴承的作用是什么?
4. 密封装置的作用是什么?
5. 销连接的作用有哪些?

素养提升 >>>

在对零件进行结构设计时,不但要考虑满足零件本身的工作性能要求,还要考虑满足零件之间的装配要求以及保证机器或部件的整体工作要求。我们做事情要树立全局观念,立足整体,统筹全局,选择最佳方案,实现最优目标。

为了保证装配质量,在工作时零件不松动,润滑油不泄漏,便于装拆等,在绘制装配图的过程中,应注意装配工艺结构的合理性。不合理的装配工艺结构会给部件装配带来困难,甚至使零件报废。熟悉合理的装配工艺结构,对于绘制和识读装配图是非常必要的。常见的装配工艺结构如下:

1. 两个零件在同一方向上接触面的数量

如图1-3-1所示,两个零件在同一方向上只能有一组接触面,应尽量避免两组面同时接触,这样的结构既便于保证零件达到良好接触,又便于零件加工,降低成本。图1-3-1(a)、图1-3-1(b)示出了两平面接触的情况,图1-3-1(c)示出了两圆柱面接触的情况。

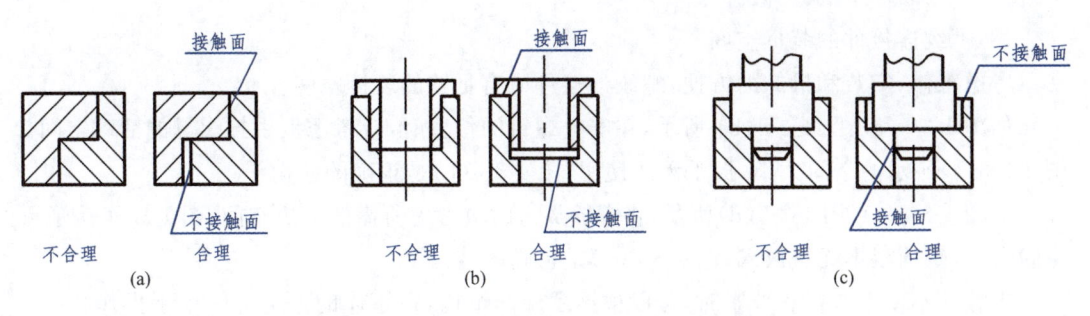

图 1-3-1　两个零件在同一方向上接触面的数量

2. 两个零件接触转角处应做成倒角、圆角或切槽

如图 1-3-2 所示,轴肩面与孔端面接触时,应将孔端做成倒角、圆角或将轴根部切槽,以保证两端面能紧密接触。

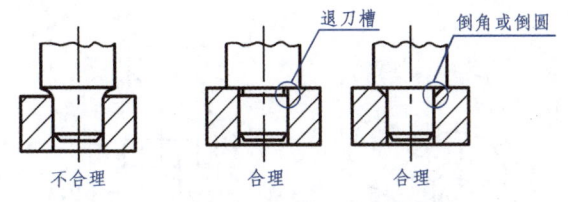

图 1-3-2　两零件接触面转角处结构

3. 螺纹连接

(1)为了保证螺纹拧紧,螺杆上螺纹的终止处应加工出退刀槽,如图 1-3-3(a)所示,或在螺孔上制出凹坑或倒角,如图 1-3-3(b)和图 1-3-3(c)所示。

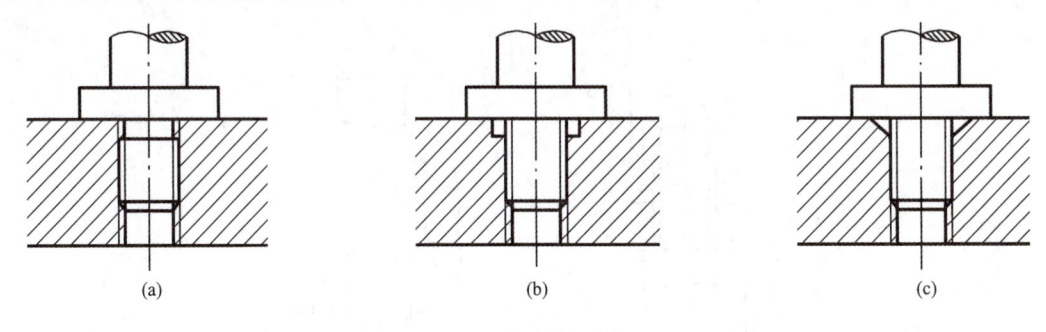

图 1-3-3　螺纹尾部结构

(2)螺纹紧固件与被连接件接触面结构

在螺纹紧固件的连接中,被连接件的接触面应制成凸台或凹坑,且需经机械加工,以保证表面良好的接触,如图 1-3-4 所示。

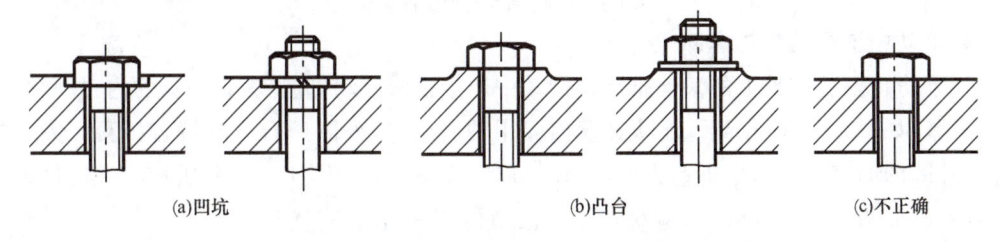

图 1-3-4　螺纹紧固件与被连接件接触面结构

（3）螺纹连接件的装拆空间

考虑维修、安装和拆卸的方便，螺纹连接件应有足够的装拆空间。

如图 1-3-5(a)、图 1-3-5(b) 所示，在安排螺钉的位置时，应考虑扳手拧螺母的活动空间。图 1-3-5(a) 所示的空间太小，扳手无法使用，图 1-3-5(b) 是正确的结构。

如图 1-3-5(c)、图 1-3-5(d) 所示，将螺栓放入时应考虑所需的进出空间，图 1-3-5(c) 所示空间太小，螺栓根本无法放入，图 1-3-5(d) 是正确的结构。

当螺栓不便于装拆和拧紧时，可以根据零件的结构，在箱体的壁上开一个手操作孔（尺寸为 L），如图 1-3-5(e) 所示，对图 1-3-5(f) 所示的结构，可以开设一个工具孔（尺寸为 ϕ），以便于装拆螺钉。

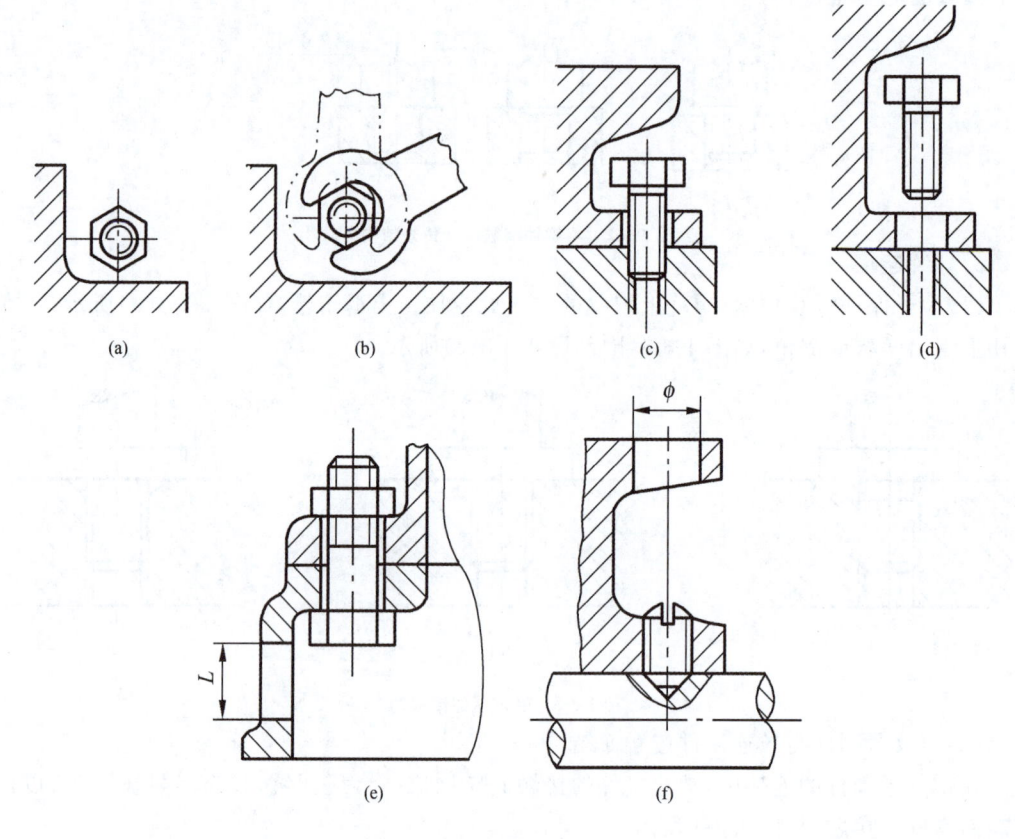

图 1-3-5　螺纹连接件的装拆空间

4. 滚动轴承的固定与拆卸

为了防止安装在轴上的滚动轴承在运动中产生轴向窜动，应将滚动轴承的内、外圈沿着轴向顶紧，如图 1-3-6(a) 所示，滚动轴承内圈用轴肩定位，外圈用台肩或端盖压紧。滚动轴承内、外圈的固定还要考虑拆卸方便，若设计成图 1-3-6(b) 和图 1-3-6(d) 所示的结构将无法拆卸，若改成图 1-3-6(c) 和图 1-3-6(e) 所示的结构，就很容易将轴承顶出。

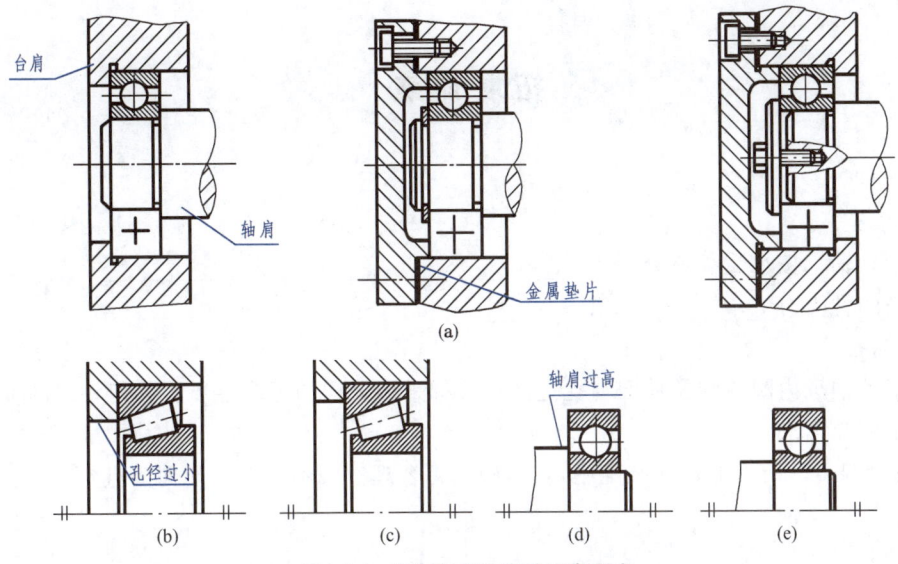

图 1-3-6 滚动轴承的固定与拆卸要求

5. 密封装置

有些机器或部件,为防止液体外流或灰尘进入,常需采用密封装置。如图 1-3-7 所示为两种典型的密封装置,通过压盖或螺母将填料压紧而起防漏作用。注意轴与压盖之间应留有一定的间隙,以免转动时产生摩擦。

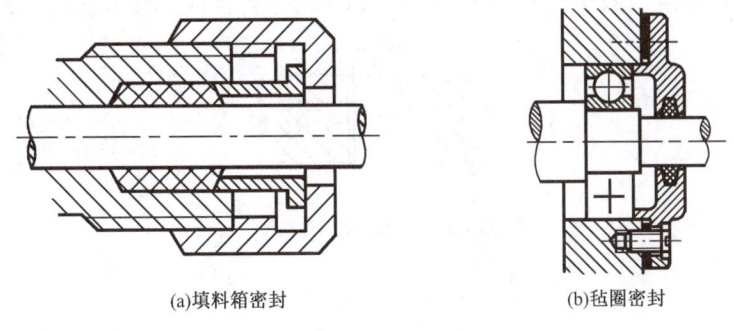

(a) 填料箱密封　　(b) 毡圈密封

图 1-3-7 密封装置

6. 销连接

在条件允许的情况下,销孔一般应加工成通孔,以便于加工和拆装,如图 1-3-8 所示。

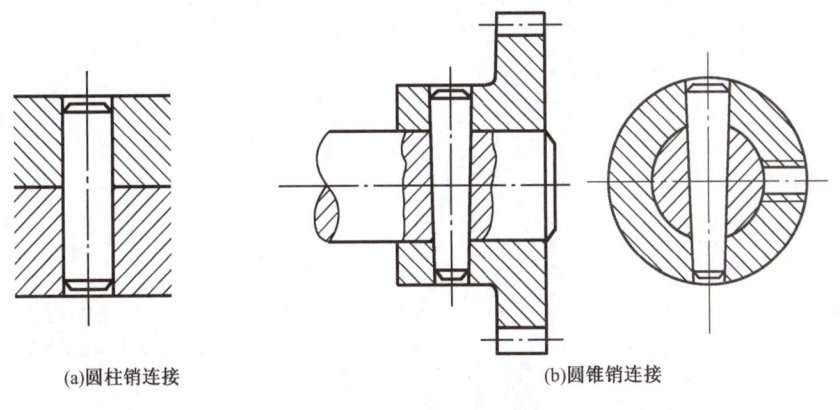

(a) 圆柱销连接　　(b) 圆锥销连接

图 1-3-8 销连接的工艺结构

拓展训练

一、填空

1. 滚动轴承按承受载荷分为_____、_____和_____。
2. 销的种类有_____和_____。

二、简答

1. 滚动轴承内圈与轴及外圈与孔之间一般都采用怎样的配合性质？如何将滚动轴承从轴或孔中拆卸下来？
2. 如图 1-3-9 所示的轴孔装配中，其结构是否合理？若不合理应如何改进？

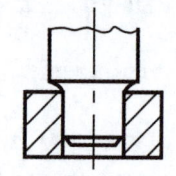

图 1-3-9　轴孔装配

3. 如图 1-3-10 所示的螺纹紧固件连接中，其结构是否合理？若不合理应如何改进？

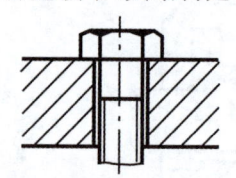

图 1-3-10　螺纹紧固件连接

任务4
零件技术要求的确定

学习目标 >>>

掌握零件表面粗糙度、极限与配合、几何公差等技术要求的判别和确定方法。

问题引导 >>>

1. 零件的技术要求有哪些?
2. 测绘时零件表面粗糙度如何判别?
3. 测绘时极限与配合采用什么方法进行判别?

素养提升 >>>

零件的技术要求决定了零件的精度。一个合格的零件必须达到零件图中提出的技术要求,不然就是废品。那么,零件的精度是不是越高越好呢?不是的。因为精度是经济性和可靠性的组合,精度越高,零件的生产成本就越高,所以应该是合适的精度最好。凡事都有度,适合的最好。

1. 零件表面粗糙度的判别

测绘时对零件表面粗糙度的判别,可使用表面粗糙度样板来比较,或参考同类零件表面粗糙度来确定。表 1-4-1 给出了轮廓算术平均偏差 Ra 优先使用系列值及对应的加工方法、应用举例。

表 1-4-1 轮廓算术平均偏差 Ra 优先使用系列值及对应的加工方法、应用举例

$Ra/\mu m$	表面特征	主要加工方法	应用举例
50、100	明显可见刀痕	粗车、粗铣、粗刨、钻孔、粗纹锉刀、粗砂轮等加工	表面粗糙度最低的加工面,一般很少使用
25	可见刀痕		
12.5	微见刀痕	粗车、粗刨、粗铣、钻	不接触表面、不重要的接触面,如螺钉孔、倒角、机座底面等

续表

$Ra/\mu m$	表面特征	主要加工方法	应用举例
6.3	可见加工痕迹	精车、精铣、精刨、粗镗、半精镗、粗磨等	没有相对运动的零件接触面,如箱盖、套筒要求紧贴的表面,键和键槽工作表面;相对运动速度不高的接触面,如支架孔、衬套、带轮轴孔的工作表面等
3.2	微见加工痕迹		
1.6	看不见加工痕迹		
0.8	可辨加工痕迹方向	精车、精铰、精拉、精镗、精磨等	要求很好密合的接触面,如与滚动轴承配合的表面、圆锥销孔等;相对运动速度较高的接触面,如滑动轴承的配合表面、齿轮轮齿的工作表面等
0.4	微辨加工痕迹方向		
0.2	不可辨加工痕迹方向		
0.1	暗光泽面	研磨、抛光、超级精细研磨等	精密量具的表面、极重要零件的摩擦面,如汽缸的内表面、精密机床的主轴颈、镗床的主轴颈等
0.05	亮光泽面		
0.025	镜状光泽面		
0.012	雾状光泽面		

下列原则可供选择时参考:

(1)工作表面比非工作表面光滑。

(2)摩擦表面比非摩擦表面光滑。

(3)对于间隙配合,配合间隙愈小,表面应愈光滑;对于过盈配合,荷载愈大,表面要求愈光滑。

(4)要求密封、耐腐蚀或装饰性表面的表面粗糙度要求应较高。

2. 极限与配合的选择

绘制装配图时,应根据被测绘部件的工作要求,查阅与其结合的轴或孔的相关资料(装配图或零件图),考虑加工制造条件,从而合理选择极限与配合,以保证部件质量和降低生产成本。选择的方法常用类比法,即与经过生产和使用验证后的某种配合进行比较,通过分析对比来合理选择。

在选择极限与配合时,主要是选择公差等级、配合制和配合性质。

(1)公差等级的选择

为了保证部件的使用性能,要求零件具有一定的尺寸精度,即公差等级,但是零件的精度越高,加工越困难,成本也越高。因此,在满足使用要求的前提下,应尽量选用较低的公差等级。

(2)配合制的选择

首先需要确定是采用"基孔制配合"(孔H)还是采用"基轴制配合"(轴h),需要特别注意的是,这两种配合制度对于零件的功能没有技术性的差别,因此应基于经济因素选择配合制。

通常情况下,应选择"基孔制配合",这种选择可避免工具(如铰刀)和量具不必要的多样性。

但是在某些特殊情况下,应采用"基轴制配合",例如:

①那些可以带来切实经济效益的情况(如需要在没有加工的拉制钢棒的单轴上安装几个具有不同偏差的孔的零件)。

②在同一公称尺寸的长轴上装配不同的配合零件(如轴承、离合器、齿轮、轴套等)时,

③当与标准件配合时,配合制度通常依据标准件而定。如滚动轴承属于已经标准化的部件,与轴承外圈配合的孔应采用基轴制配合,而与轴承内圈配合的轴应采用基孔制配合。

(3)配合性质的选择

配合性质的选择要与公差等级、配合制度的选择同时考虑。选择时,应先确定配合性质:间隙、过渡或过盈配合。再根据部件使用要求,结合实例,用类比法确定配合的松紧程度。

①间隙配合

间隙配合的特点是两零件间保证有间隙,通常用于有相对运动的零件结合。选择间隙大小通常可从以下几方面的因素考虑:当旋转速度相同时,轴向运动零件较旋转运动零件的间隙要大;同为旋转运动,转速高的要求间隙大;同一根轴上,轴承数量多时,间隙要大;轴的温度高于孔时,间隙要大,反之要小。

②过渡配合

过渡配合的特点是可能得到过盈,也可能得到间隙,但过盈量或间隙量都很小。过渡配合既能承受一定的载荷,也便于拆卸,同时又有较高的同轴度。

③过盈配合

不用紧固件(如螺纹连接件、键、销等)就能得到固定连接的配合称为过盈配合。这类配合的特点是保证有过盈,通常用于零件装配后不再拆卸的场合。装配方法是装配前预先将孔加热或预先将轴冷却。如果过盈量较大时,可在压力机上进行装配。

对于孔和轴的公差等级和基本偏差的选择,应能够给出最满足所要求使用条件对应的最小和最大间隙或过盈。表 1-4-2 和表 1-4-3 为基孔制和基轴制优先、常用的配合,供选择时参考。

表 1-4-2　　　　　基孔制优先、常用的配合(摘自 GB/T 1800.1—2020)

基准孔	轴公差带代号															
	b	c	d	e	f	g	h	js	k	m	n	p	r	s	t	u	x
	间隙配合								过渡配合			过盈配合					
H6					$\frac{H6}{f5}$	$\frac{H6}{g5}$	$\frac{H6}{h5}$	$\frac{H6}{js5}$	$\frac{H6}{k5}$	$\frac{H6}{m5}$	$\frac{H6}{n5}$	$\frac{H6}{p5}$					
H7					$\frac{H7}{f6}$	$\frac{H7}{g6}$	$\frac{H7}{h6}$	$\frac{H7}{js6}$	$\frac{H7}{k6}$	$\frac{H7}{m6}$	$\frac{H7}{n6}$	$\frac{H7}{p6}$	$\frac{H7}{r6}$	$\frac{H7}{s6}$	$\frac{H7}{t6}$	$\frac{H7}{u6}$	$\frac{H7}{x6}$
H8				$\frac{H8}{e7}$	$\frac{H8}{f7}$		$\frac{H8}{h7}$	$\frac{H8}{js7}$	$\frac{H8}{k7}$	$\frac{H8}{m7}$				$\frac{H8}{s7}$		$\frac{H8}{u7}$	
			$\frac{H8}{d8}$	$\frac{H8}{e8}$	$\frac{H8}{f8}$		$\frac{H8}{h8}$										
H9			$\frac{H9}{d9}$	$\frac{H9}{e9}$	$\frac{H9}{f9}$		$\frac{H9}{h9}$										
H10			$\frac{H10}{b9}$	$\frac{H10}{c9}$	$\frac{H10}{d9}$	$\frac{H10}{e9}$		$\frac{H10}{h9}$									
H11	$\frac{H11}{b11}$	$\frac{H11}{c11}$	$\frac{H11}{d10}$				$\frac{H11}{h10}$										

注:常用的配合 45 种,其中优先配合(带▼号的)16 种。

表 1-4-3　　　　　基轴制优先、常用的配合(摘自 GB/T 1800.1—2020)

基准轴	孔公差带代号															
	B	C	D	E	F	G	H	JS	K	M	N	P	R	S	T	U	X
	间隙配合								过渡配合				过盈配合				
h5						$\frac{G6}{h5}$	$\frac{H6}{h5}$	$\frac{JS6}{h5}$	$\frac{K6}{h5}$	$\frac{M6}{h5}$	$\frac{N6}{h5}$	$\frac{P6}{h5}$					
h6					$\frac{F7}{h6}$	▼$\frac{G7}{h6}$	▼$\frac{H7}{h6}$	$\frac{JS7}{h6}$	▼$\frac{K7}{h6}$	$\frac{M7}{h6}$	▼$\frac{N7}{h6}$	$\frac{P7}{h6}$	▼$\frac{R7}{h6}$	▼$\frac{S7}{h6}$	$\frac{T7}{h6}$	$\frac{U7}{h6}$	$\frac{X7}{h6}$
h7				$\frac{E8}{h7}$	▼$\frac{F8}{h7}$		▼$\frac{H8}{h7}$										
h8			$\frac{D9}{h8}$	▼$\frac{E9}{h8}$	$\frac{F9}{h8}$		▼$\frac{H9}{h8}$										
h9				$\frac{E8}{h9}$	▼$\frac{F8}{h9}$		▼$\frac{H8}{h9}$										
			$\frac{D9}{h9}$	▼$\frac{E9}{h9}$	$\frac{F9}{h9}$		▼$\frac{H9}{h9}$										
	▼$\frac{B11}{h9}$	$\frac{C10}{h9}$	▼$\frac{D10}{h9}$				▼$\frac{H10}{h9}$										

注：常用的配合 38 种，其中优先配合(带▼号的)18 种。

3. 确定几何公差

有相对运动的表面及对形状和位置要求较严格的线、面等要素，不但要给出既合理又经济的表面粗糙度、尺寸公差，还要给出几何公差要求。零件的几何公差项目及数值可根据零件的使用要求用类比法进行选取。

拓 展 训 练

一、填空

1. 配合制分为_____和_____。
2. 配合性质分为_____、_____和_____。

二、简答

1. 配合制如何选择？
2. 间隙配合、过渡配合和过盈配合分别应用于什么场合？

任务5 常用金属材料

学习目标 >>>

掌握常用金属材料的名称、牌号、应用等。

问题引导 >>>

常用的金属材料有哪些?其牌号或代号是什么?

素养提升 >>>

不同的金属材料其成分不同,性能不同,应用的领域也不同。从我们身边常见的汽车、轮船、飞机到国家的航天、航海、水电、核电、通信等领域,金属材料都得到了广泛的应用。我们国家对高性能材料的研发从来就没有停止过,经过不懈的努力,攻坚克难,开发了一系列重大产品,打破了国外垄断,越来越多地打上了"中国制造"的印记。

常用金属材料(铁、钢、有色金属)及其合金的牌号、应用举例及说明见表1-5-1。

表1-5-1 常用金属材料(铁、钢、有色金属)及其合金的牌号、应用举例及说明

名 称	牌号或代号	应用举例	说 明
灰铸铁 GB/T 9439—2010	HT150	中强度铸铁。用于底座、刀架、轴承座、端盖等	"HT"表示灰铸铁,后面的数字表示最小抗拉强度(MPa)
	HT200 HT350	高强度铸铁。用于床身、机座、齿轮、凸轮、联轴器、箱体、支架、阀体、衬套等	
工程用铸钢 GB/T 11352—2009	ZG 230-450 ZG 310-570	用于各种形状的零件,如齿轮、飞轮、机座、联轴器及重负荷的机架等	"ZG"表示铸钢,第一组数字表示屈服强度(MPa)的最低值,第二组数字表示抗拉强度(MPa)的最低值

续表

名　称	牌号或代号	应用举例	说　明
碳素结构钢 GB/T 700—2006	Q215	塑性大，抗拉强度低，易焊接。用于受力不大的螺钉、轴、凸轮、焊件等	"Q"表示"屈"，数字表示屈服强度（MPa），同一牌号下分质量等级，用A、B、C、D表示质量依次下降，例如 Q235A
	Q235 Q275	有较高的强度和硬度，伸长率较大，可焊接。用于螺栓、螺母、螺钉、拉杆、钩、连杆、轴、焊件、销和齿轮等	
优质碳素结构钢 GB/T 699—2015	30	用于曲轴、轴销、连杆、横梁等	数字表示平均碳质量分数，例如"45"表示碳的质量分数为0.45%，数字依次增大，表示抗拉强度、硬度依次增加，延伸率依次降低。当锰的质量分数为 0.7%～1.2% 时需注出"Mn"
	35	用于曲轴、摇杆、拉杆、键、销、螺栓等	
	40	用于齿轮、齿条、凸轮、曲柄轴、链轮等	
	45	用于齿轮轴、联轴器、衬套、活塞销、链轮等	
	65Mn	用于大尺寸的各种扁、圆弹簧，如座板簧、弹簧发条等	
合金结构钢 GB/T 3077—2015	15Cr 40Cr	用于渗碳零件、齿轮、小轴、离合器、活塞销、凸轮、心部韧性较高的渗碳零件	符号前的数字表示碳的质量分数，符号后的数字表示所含元素的质量分数，当其小于 1.5% 时不注数字
	20CrMnTi	工艺性好，用于汽车、拖拉机的重要齿轮，供渗碳处理	
加工黄铜 GB/T 5231—2012	H62（代号）	用于散热器、垫圈、弹簧、螺钉等	"H"表示普通黄铜，数字表示铜的质量分数
铸造铜合金 GB/T 1176—2013	ZCuZn38Mn2Pb2	铸造黄铜，用于轴瓦、轴套及其他耐磨零件	"ZCu"表示铸造铜合金，合金中其他主要元素用化学符号表示，符号后面的数字表示该元素的质量分数
	ZCuSn5Pb5Zn5	铸造锡青铜，用于承受摩擦的零件，如轴承	
	ZCuAl10Fe3	铸造铝青铜，用于制造螺轮、衬套和耐腐蚀零件	
铝及铝合金 GB/T 3190—2020	1060 1050A 2A12 2A13	用于中等强度的零件，焊接性能好。用于制造储槽、塔、热交换器、防止污染及深冷设备	铝及铝合金牌号用四位数字或字符表示
铸造铝合金 GB/T 1173—2013	ZAlCu5Mn	用于砂型铸造，工作温度在 175～300 ℃ 的零件，如内燃机缸头、活塞等	"ZAl"表示铸造铝合金，合金中的其他元素用化学符号表示，符号后数字表示该元素的质量分数
	ZAlMg10	用于在大气或海中工作、承受冲击载荷、外形不太复杂的零件，如舰船配件等	

拓 展 训 练

一、填空

HT200 表示_____材料，Q235 表示_____材料，材料牌号 45 表示_____材料，20CrMnTi 表示_____材料。

二、简述

举例说明 45 钢的应用。

任务6
徒手绘图的方法

学习目标 >>>

掌握徒手画直线、圆、椭圆、圆角、曲线连接及平面图形的方法。

问题引导 >>>

1. 一般在什么场合应用徒手绘图?
2. 徒手绘制草图可以随便画吗? 应该做到哪几点?

素养提升 >>>

不用绘图仪器和工具,只用一支铅笔绘制出清晰、准确、整齐、光滑的零件草图,这是一门技术,又是一门艺术。不仅需要我们有耐心细致的工作作风,还要有精益求精的工匠精神。所谓的"草",是指图线可以"草",但是零件图的内容(图形表达、尺寸、技术要求)必须是齐全的、正确的。

徒手图也称草图,是用目测来估计物体的大小,不借助绘图工具,徒手绘制的图样。工程技术人员不仅要会用仪器或计算机绘图,也应具备徒手绘图的能力,以便针对不同的条件,用不同的方式记录产品的图样或表达设计思想。

绘制草图时应做到图形清晰、线型分明、比例匀称,并应尽可能使图线光滑、整齐,绘图速度要快,标注尺寸准确、齐全,字体工整。

初学者徒手法绘图,最好在方格纸(坐标纸)上进行,以便控制图线的平直和图形大小。经过一定的训练后,最后达到在白纸上画出匀称、工整的草图。

1. 徒手画直线

执笔要稳,眼睛看着图线的终点,均匀用力,匀速运笔。画水平线时,为了便于运笔,可将图纸微微左倾,自左向右画线;画垂直线时,应自上而下运笔画线;画 30°、45°、60° 等常见角度斜线时,可根据两直角边的比例关系,定出两端点,然后连接两端点即为所画角度线,如图 1-6-1 所示。

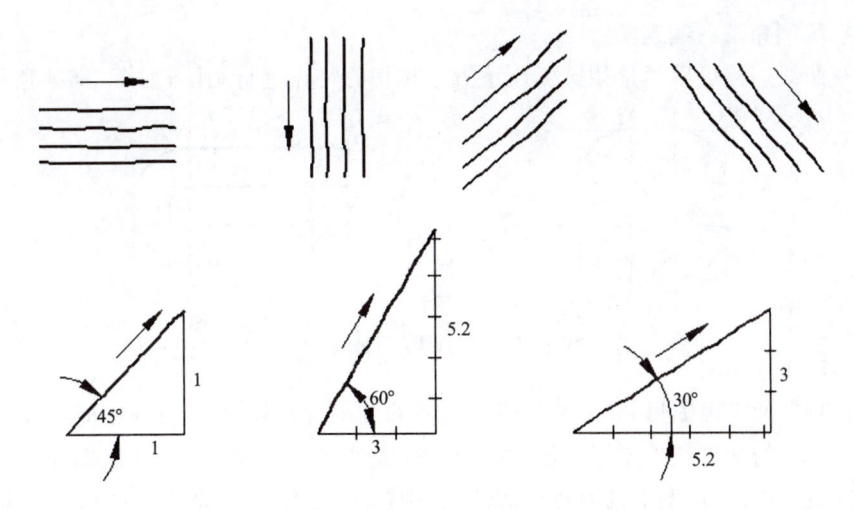

图 1-6-1　徒手画直线

2. 徒手画圆

画圆时,先确定圆心位置,并过圆心画出两条中心线;画小圆时,可在中心线上按半径目测出四点,然后徒手连点;当画直径较大圆时,可以通过圆心多画几条不同方向的直线,按半径目测出一些直径端点,再徒手连点画圆,如图 1-6-2 所示。

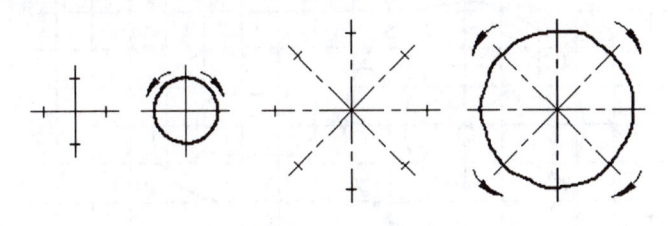

图 1-6-2　徒手画圆

3. 徒手画椭圆

徒手画椭圆,可以根据长、短轴绘制,如图 1-6-3(a)所示,也可以用菱形法绘制,如图 1-6-3(b)所示。

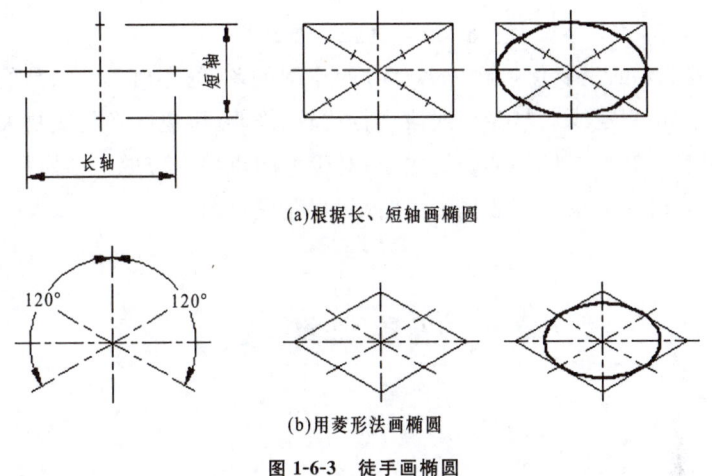

(a)根据长、短轴画椭圆

(b)用菱形法画椭圆

图 1-6-3　徒手画椭圆

4. 徒手画圆角及曲线连接

圆角及曲线连接可以尽量用圆弧与正方形相切的特点进行画图,如图 1-6-4 所示。

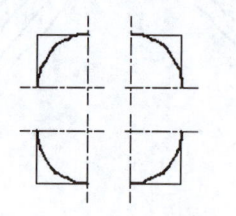

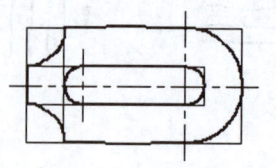

图 1-6-4　徒手画圆角及曲线连接

5. 徒手画平面图形

尺寸较复杂的平面图形,要分析线段和尺寸的关系,按照已知线段→中间线段→连接线段的顺序画图。初学者徒手绘图,可以在方格纸(或坐标纸)上进行,以控制图线和尺寸。在方格纸上画平面图形时,图形的对称中心线、大圆的中心线、主要轮廓线应尽可能利用方格上的线条,图形各部分的比例可按方格纸上的格数来确定。如图 1-6-5 所示为徒手画平面图形。

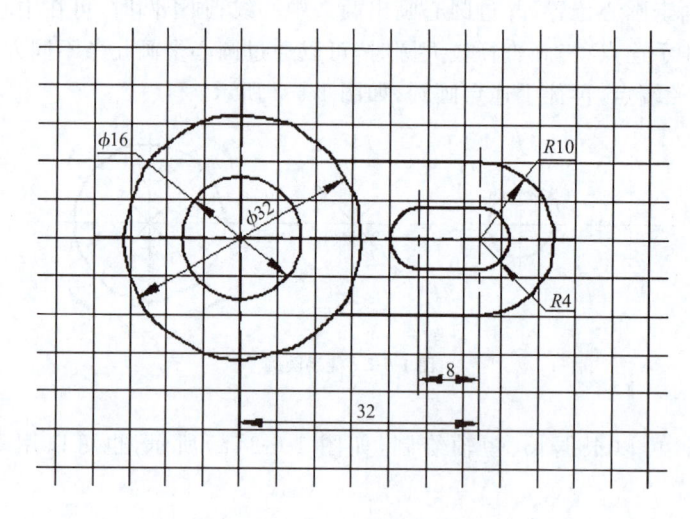

图 1-6-5　徒手画平面图形

徒手画图,最重要的是要保持物体各部分的比例关系,确定出长、宽、高的相对比例。画图过程中随时注意将测定线段与参照线段进行比较、修改,避免图形与实物失真太大。对于小的机件可利用手中的笔估量各部分的大小;对于大的机件则应取一参照尺度,目测机件各部分与参照尺度的倍数关系。一般先画出略图,再完成草图。

拓展训练

一、填空

1. 徒手绘制水平线应该从_____向_____画,徒手绘制竖直线应该从

_____向_____画,徒手绘制其他方向的直线应该从_____向_____或从_____向_____的方向画。

2.对于初学者,徒手绘图最好先在_____纸上进行。

二、简答

1.如何徒手绘制 30°、45°和 60°的直线?

2.如何保证徒手绘制的圆比较圆?

任务7
零部件测绘的内容与步骤

学习目标 >>>

掌握零部件测绘的要求、应该完成的内容及测绘的步骤。

问题引导 >>>

1. 零部件测绘都有哪些要求？
2. 了解部件的用途和工作原理的途径有哪些？

素养提升 >>>

在零部件测绘时，从部件的性能、工作原理的分析，到零件草图、装配图及正规零件图的绘制，每一个环节都需要我们进行独立思考（要避免照抄照搬），用已学过的机械制图的理论知识指导测绘的实践，培养我们分析问题和解决问题的能力。

根据已有的部件（或机器）和零件进行绘制和测量，并整理画出零件图和装配图的过程，称为零部件测绘。实际生产中，设计新产品（或仿照）时，需要测绘同类产品的部分或全部零件，供设计时参考；机器或设备维修时，如果某一零件损坏，在既无备件又无图纸的情况下，也需要测绘损坏的零件，画出图样，以备生产该零件所用。在制图课程教学过程中，理论课程结束之后，通过对零部件进行测绘，继续深入学习零件图和装配图的表达方法和图形的绘制方法，在实践中全面巩固理论课所学的知识，培养实际动手能力，了解并应用机械设计、极限与配合、机械零件的工艺要求及装配工艺要求等初步知识，是巩固和提高绘图与读图能力的行之有效的方法。

1. 测绘的要求

在测绘中要求学生注意培养独立分析问题和解决问题的能力，且保质、保量、按时地完成零部件测绘任务，具体要求是：

(1)测绘前要认真阅读测绘指导书，明确测绘的目的、要求、内容及方法和步骤。

(2)认真复习与测绘有关的知识，如视图表达方法、尺寸测量方法、标准件和常用件的画法规定、零件图与装配图等。

(3)认真绘图,保证图纸质量,做到正确、完整、清晰和整洁。
(4)做好准备工作,如测量工具、资料、手册、绘图仪器及用品等。
(5)在测绘中要独立思考、一丝不苟、有错必改,反对不求甚解、照抄照搬的做法。
(6)按预定计划完成测绘任务,所绘图样经老师审查后方可上交。

2. 了解和分析测绘对象

在测绘之前,首先要对部件进行全面的分析研究,观察、研究、分析该部件的结构和工作情况,认真阅读测绘指导书,了解部件的用途、性能、工作原理、结构特点以及零件间的装配关系。

3. 测绘的步骤

部件测绘的步骤一般为了解测绘对象、拆卸部件、画零件草图、测量尺寸、画部件装配图和零件图。

拓 展 训 练

一、填空

零部件测绘的一般步骤分为_____、_____、_____、_____、_____。

二、简述

零部件测绘时绘制完零件草图后,是直接绘制正规零件图还是绘制完装配图后再绘制正规零件图?为什么?

技能篇

零部件测绘

任务1
机用虎钳的测绘

学习目标 >>>

● 通过查阅资料,了解机用虎钳的用途;分析其拆卸顺序并能够拆装部件,了解其组成、工作原理及各零件之间的连接与装配关系,掌握装配示意图的绘制方法,绘制机用虎钳的装配示意图。

● 能够区分机用虎钳中的标准件和非标准件,确定标准件的规定标记;分析非标准件的结构特点和零件类别,确定表达方案,绘制零件图;根据零件的结构特点及在装配体中的作用确定零件尺寸基准,按照零件图尺寸标注要求及形体分析法标注尺寸。

● 确定机用虎钳的表达方案,绘制其装配图。要求部件的工作原理及零件之间的装配连接关系表达清楚,进行必要的尺寸标注;根据零件之间的配合性质,参考同类产品的图纸标注配合尺寸及其他技术要求。

● 根据装配图对零件草图进一步进行校核,调整零件不合理的结构和尺寸,绘制正规的零件图,能够根据装配图中配合尺寸确定零件的尺寸公差并加以标注,标注零件表面粗糙度和几何公差等技术要求。

问题引导 >>>

1. 机用虎钳的用途是什么?其工作原理是什么?
2. 机用虎钳的拆卸顺序是什么?
3. 机用虎钳有几种标准件?它们的标记是什么?

素养提升 >>>

"6S"管理:在零部件的测绘过程中,要执行"6S"管理。所谓"6S",是一种生产管理方法。"6S"指的是日文 SEIRI(整理)、SEITON(整顿)、SEISO(清扫)、SEIKETSU(清洁)、SHITSUKE(素养)和英文 SAFETY(安全)这六个单词,由于这六个单词前面的发音都是"S",所以简称为"6S"。"6S"管理的目的是现场管理规范化、日常工作部署化、物资摆放标识化、厂区管理整洁化、人员素养整齐化、安全管理常态化,革除马虎之心,养成凡事认真的习惯。学生在零部件测绘过程中实行"6S"管理,能够使学生目前的学习与将来的就业岗位实现零对接。

一、了解机用虎钳的用途,拆卸部件,绘制装配示意图

1. 了解测绘对象

通过观察实物,参考有关图纸和说明书,了解部件的用途、性能、工作原理、装配关系和结构特点等。

图 2-1-1 所示为机用虎钳的立体图,表示机用虎钳内、外结构形状以及各零件之间的连接和装配关系。机用虎钳是用于夹持工件进行机械加工的部件。从图 2-1-2 可以看出:机用虎钳由 11 种零件组成,其中有三种标准件,即螺钉 GB/T 68—2016 M8×8、垫圈 GB/T 97.2—2002 12、圆锥销 GB/T 117—2000 4×25;八种非标准件,即固定钳身、活动钳身、钳口板、螺母块、螺钉、圆环、螺杆和垫圈。

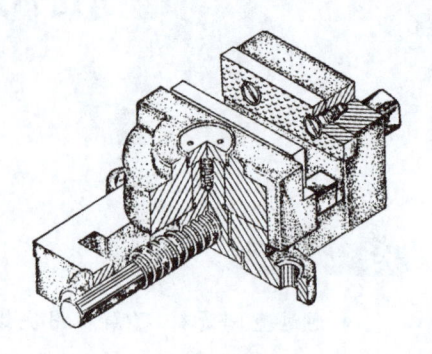

图 2-1-1 机用虎钳的立体图

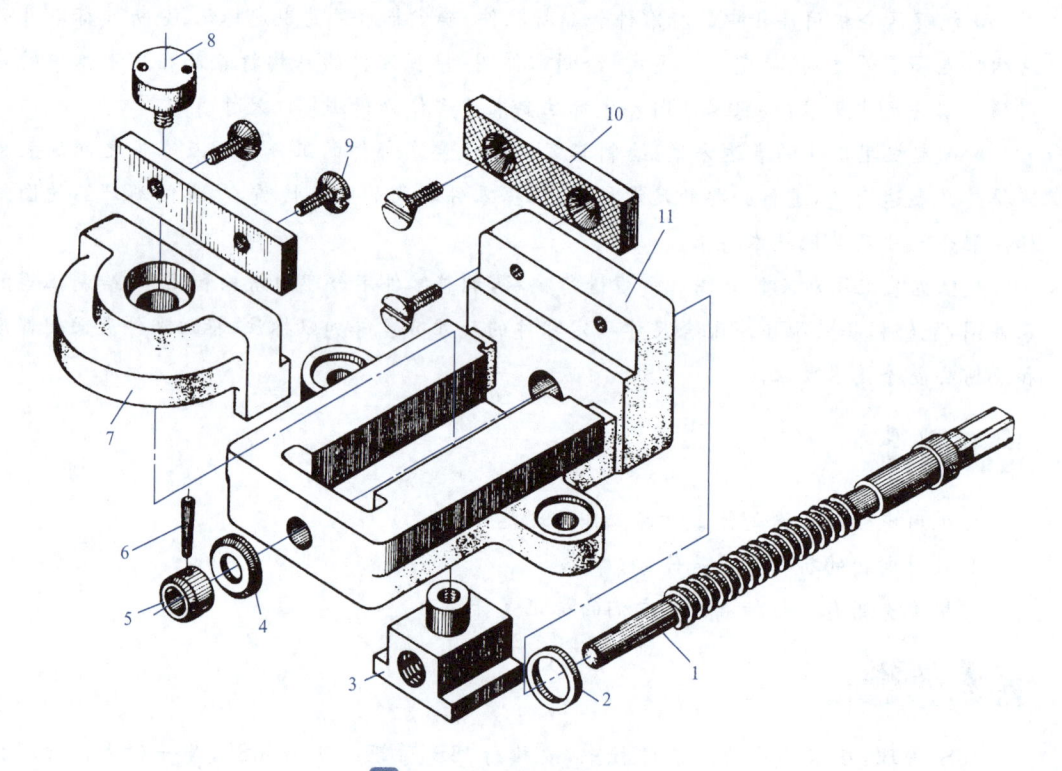

图 2-1-2 机用虎钳的组成

1—螺杆;2—垫圈;3—螺母块;4—垫圈 12;5—圆环;6—圆锥销 4×25;
7—活动钳身;8—螺钉;9—螺钉 M8×8;10—钳口板;11—固定钳身

机用虎钳靠固定钳身上的两个安装孔用螺栓固定在机床的工作台上,两个钳口板分别安装在固定钳身和活动钳身上,活动钳身用螺钉和螺母块安装在一起,而螺母块与螺杆旋合,螺杆的两端与固定钳身之间利用圆环、圆锥销和垫圈轴向定位。由于螺杆轴向定位,所以当螺杆做旋转运动时,螺母块则做直线运动,从而带动活动钳身运动,实现钳口的张开和闭合,因此,就可以达到松开和夹紧工件的目的。

2. 拆卸部件

在初步了解部件的基础上,依次拆卸各零件。零件拆下后立即编号,并做相应的记录。拆卸时,对部件中的某些零件之间的过盈配合和过渡配合,在不影响测绘工作的情况下,一般可以不拆。否则,会给拆卸工作增加困难,甚至会损伤零件。

3. 画装配示意图

在分析零件的装配关系时,要特别注意零件的配合性质。例如,机用虎钳的螺杆与固定钳身之间应该有相对运动,所以是间隙配合;活动钳身与固定钳身之间、活动钳身与螺母块之间,在不影响工作性能要求的情况下,采用间隙配合。

为了便于部件拆卸后装配复原,在拆卸零件的同时应画出部件的装配示意图,并编上序号,记录零件的名称、数量、装配关系和拆卸顺序。当零件数量较多时,要按拆卸顺序在每个零件上附一个对应的标签。画装配示意图时,仅用简单的符号和线条表达部件中各零件的大致轮廓形状和装配关系,一般只画一个图形。对于相邻两零件的接触面或配合面之间最好画出间隙,以便区别。零件中的通孔可按剖面形状画成开口的,使通路关系表达清楚。对于轴、轴承、齿轮、弹簧等,应按 GB/T 4460—2013 机构运动简图中规定的符号绘制。如图 2-1-3 所示为机用虎钳装配示意图,装配示意图中零件名称短横线下的数字为该零件的数量。

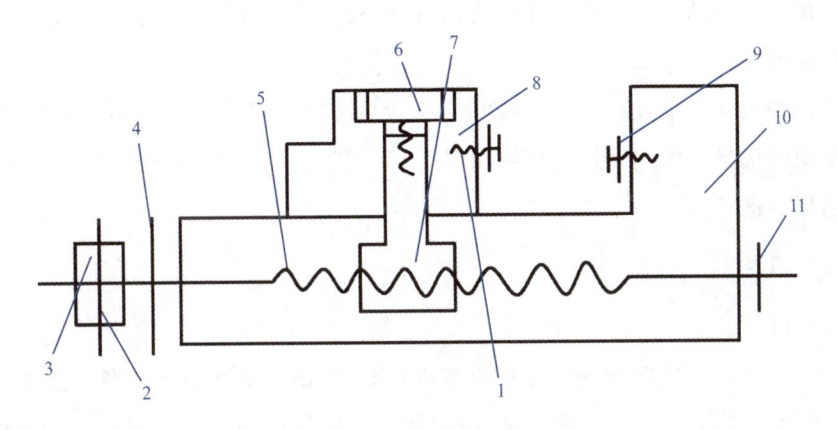

图 2-1-3 机用虎钳装配示意图

1、6—螺钉;2—圆锥销;3—圆环;4、11—垫圈;5—螺杆;7—螺母块;8—活动钳身;
9—钳口板;10—固定钳身

二、绘制机用虎钳非标准件的零件草图

零件测绘一般在生产现场进行,因此不便于用绘图工具和仪器画图,而是以草图形式绘图(以徒手、目测实物用大致比例画出的零件图)。零件草图是绘制部件装配图和零件图的重要依据,必须认真、仔细。画零件草图的要求是:图形正确、表达清楚、尺寸齐全,并注写包括技术要求的有关内容。零件草图除了图线可以"草"外,零件图的各项内容必须齐全,不可以"草"。画零件草图还需注意:零件上的制造缺陷(如砂眼、气孔等)以及由于长期使用而造成的磨损、碰伤等,均不应画出;零件上的细小结构(如铸造圆角、倒角、倒圆、退刀槽、越程槽、凸台和凹坑等)必须画出。

测绘时主要画非标准件的零件草图,对于标准件(如螺栓、螺母、垫圈、键、销等)不必画零件草图,只要测得几个主要尺寸,从相应的标准件表中查出规定标记,将这些标准件的名称、数量和规定标记列表即可。机用虎钳中的标准件见表 2-1-1。

表 2-1-1　　　　　　　　　　机用虎钳中的标准件

名　称	数　量	规定标记
螺钉	4	螺钉　GB/T 68—2016　M8×8
垫圈	1	垫圈　GB/T 97.2—2002　12
圆锥销	1	销　GB/T 117—2000　4×25

除标准件以外的非标准件都必须测绘,画出零件草图。

下面以机用虎钳的固定钳身和螺钉为例,说明视图表达和尺寸标注等问题。

1. 画零件的视图

选择零件的表达方案,应该根据零件的表达要求进行,尤其是主视图的选择,应该应用零件图的主视图选择原则,参考轴套类、轮盘类、叉架类和箱体类四类典型零件的结构特点和视图表达特点进行。

(1)固定钳身

①结构分析

由图 2-1-2 可知,固定钳身属于箱体类零件,用于容纳和支承其他零件以及整个机用虎钳的安装。其整体外形属于长方体结构,中间加工有同轴的圆柱孔,以便安装螺杆;固定钳身的两侧有两个耳板,其上有两个安装孔;为安装钳口板,有两个 M8 的螺纹孔。

②视图选择与表达方案

如图 2-1-4 所示,主视图采用全剖视图,中间孔的轴线呈水平放置,与工作位置相符;左

视图采用半剖视图,以表达固定钳身的外形、安装孔的结构和两个 M8 螺纹孔的位置等;俯视图采用局部剖视图,主要表达固定钳身的外形,其中的局部剖表达 M8 螺纹孔的结构。

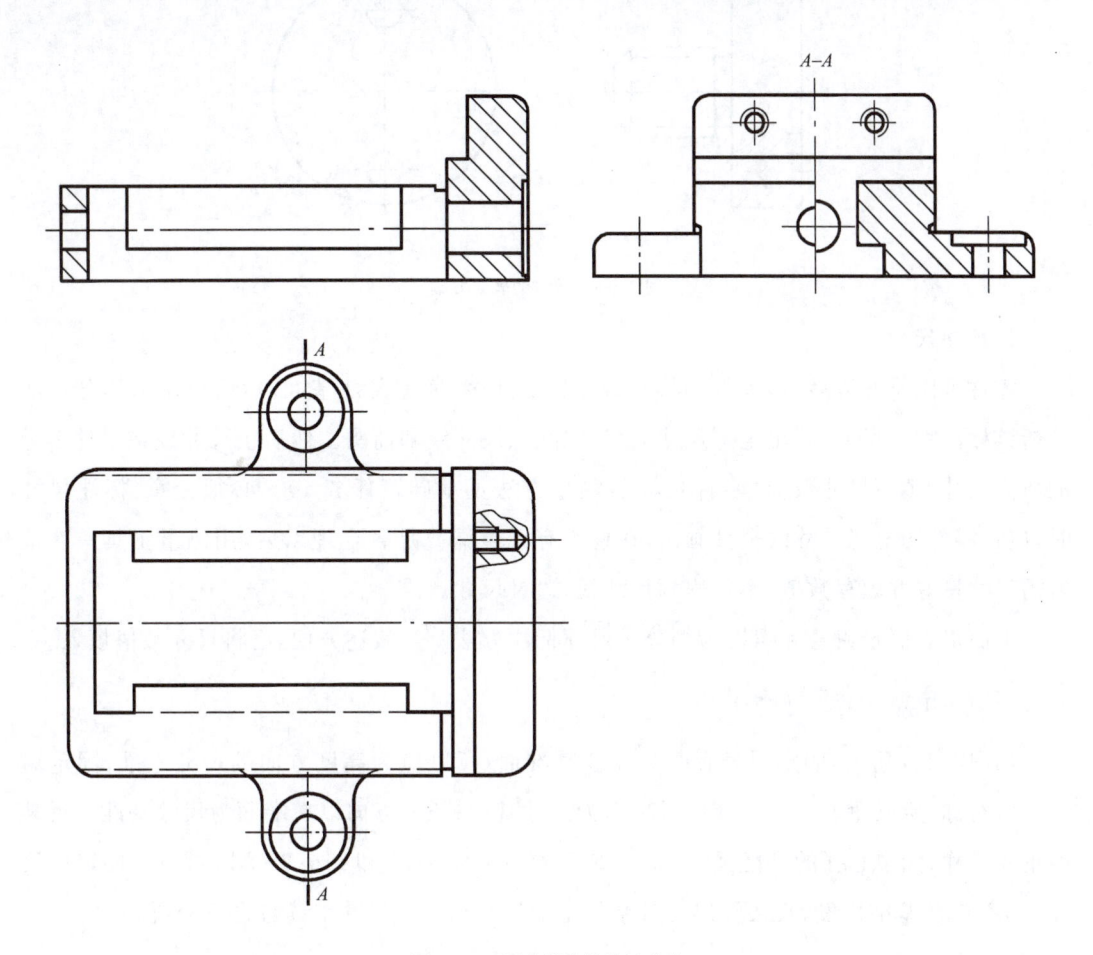

图 2-1-4　固定钳身的表达方案

(2)螺钉

①结构分析

螺钉的结构比较简单,属于轴套类零件。为了与螺母块连接,加工有螺纹;另外,其上有两个 $\phi 4$ mm 小孔,以供装卸时使用。

②视图选择与表达方案

螺钉既然是轴套类零件,就不能将其在装配体中的位置作为主视图的投影位置,而应将其轴线水平放置,以符合加工位置要求,主视图上的局部剖表达 $\phi 4$ mm 小孔的内部结构;左视图主要表达两个 $\phi 4$ mm 小孔的分布位置,如图 2-1-5 所示。

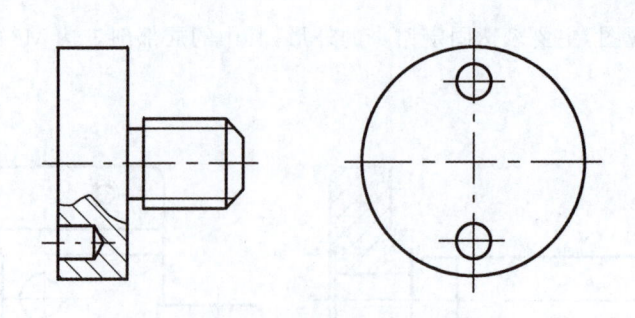

图 2-1-5　螺钉的表达方案

2. 标注尺寸

零件视图画好以后,按零件形状并考虑加工顺序,确定尺寸基准,然后再用形体分析法分析该标注哪些尺寸,画出全部尺寸的尺寸界线、尺寸线和箭头。然后按尺寸线在零件上量取所需尺寸,填写尺寸数值(零件尺寸的测量方法见基础篇任务1)。必须注意:标注尺寸时,应在零件图上将尺寸线全部画出,在检查有无遗漏或是否合理以后,用测量工具一次把所需尺寸量好并填写数值,不可边画尺寸线,边量尺寸。

下面仍以固定钳身和螺钉为例分析尺寸标注方法。为叙述方便,已将尺寸数值填入。

(1) 固定钳身的尺寸标注[①]

如图 2-1-6 所示,固定钳身底面为安装基准面,所以应为高度方向的尺寸基准;固定钳身前后对称,所以宽度方向以前后对称面为尺寸基准;长度方向以右端面为尺寸基准。对某些重要尺寸,如中心孔的高度尺寸 16,安装孔的定位尺寸 75 和 116,2×M8 螺纹孔的定位尺寸 40,都应从基准出发,直接注出。其余的定形尺寸和定位尺寸请读者自行分析。

(2) 螺钉的尺寸标注

如图 2-1-7 所示,螺钉属于轴套类零件,尺寸基准分为轴向尺寸基准和径向尺寸基准,径向尺寸以轴线为基准,轴向尺寸以该零件与活动钳身相互接触的端面,即 $\phi26$ 的右端面为基准。尺寸基准确定后,再用形体分析法及零件图尺寸标注的要求标注所有的尺寸。该零件尺寸标注比较简单,在此不再赘述。

标注零件尺寸时,除了齐全、清晰外,还应考虑下述问题:

① 从设计和加工测量的要求出发,恰当地选择尺寸基准。

[①] 注:涉及尺寸标注的内容时,为叙述方便,采用与图样中尺寸标注相同的规则,单位为 mm 时省略单位说明。

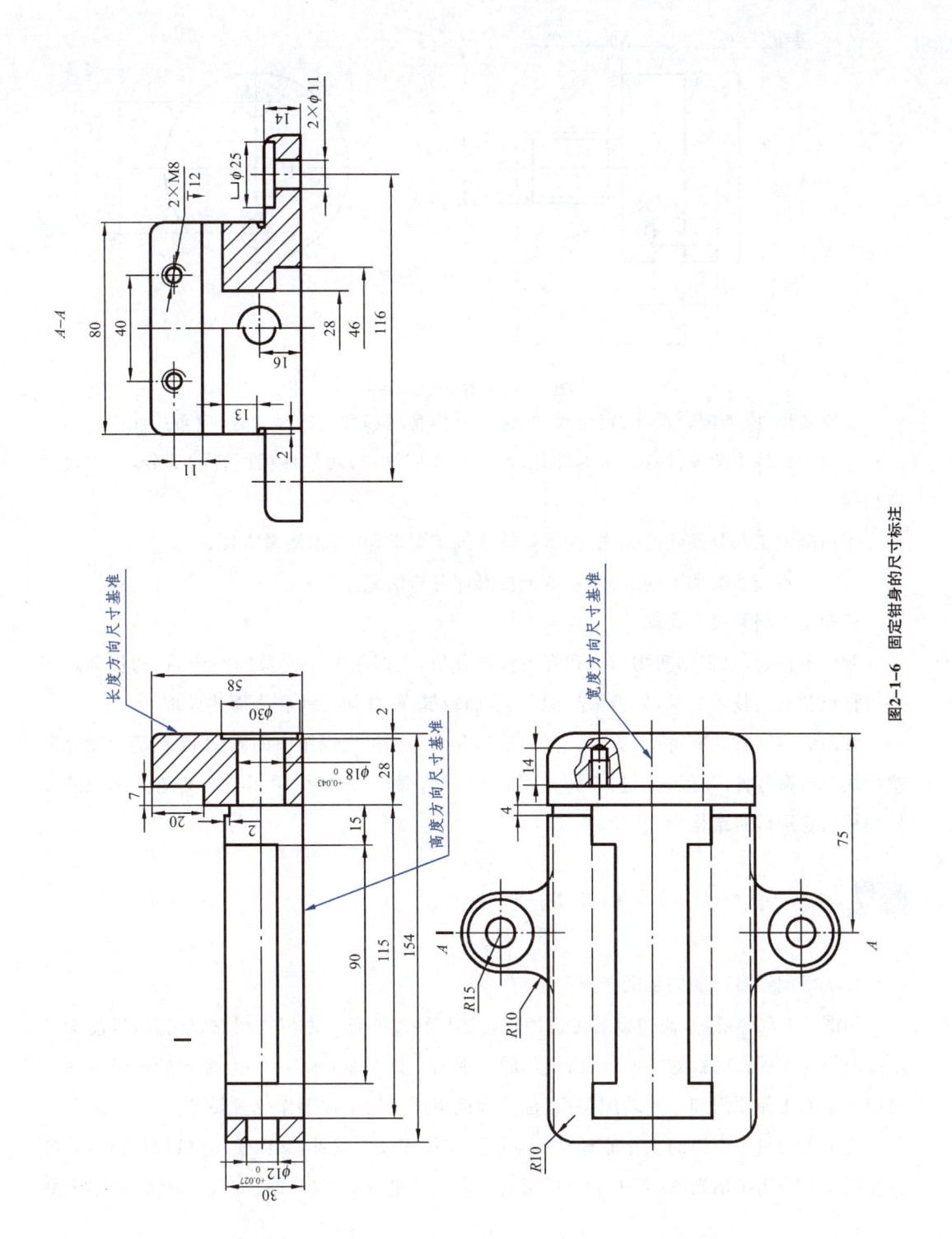

技能篇：任务1 机用虎钳的测绘

图2-1-6 固定钳身的尺寸标注

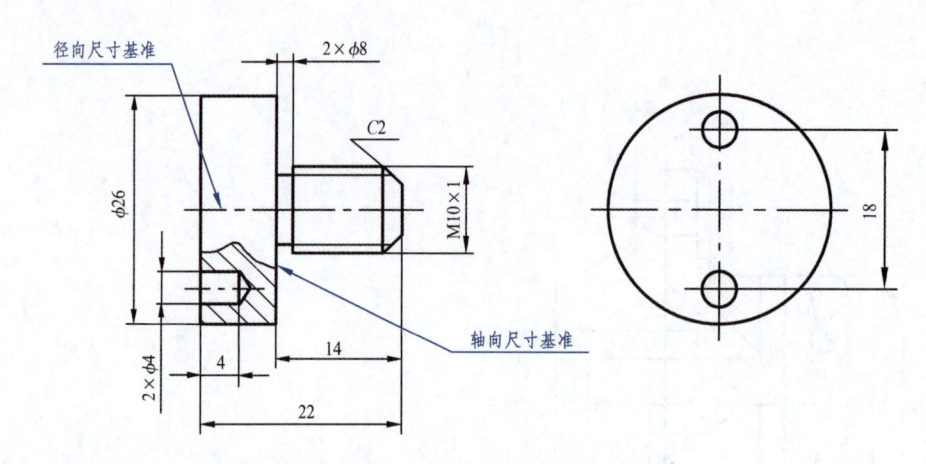

图 2-1-7　螺钉的尺寸标注

②重要尺寸(如配合尺寸、定位尺寸、保证工作精度和性能的尺寸等)应直接注出。

③对于部件中两零件有联系的部分,尺寸基准应统一;两零件相配合的部分,公称尺寸应相同。

④切削加工部分尺寸的标注,应尽量符合加工要求,并考虑测量方便。

⑤对于不经切削加工的部分,基本上按形体分析法标注尺寸。

3. 初定材料和技术要求

测绘零件时,要根据实物结构和有关资料分析,查阅相关手册及同类产品,初步确定零件的材料和有关技术要求,如极限与配合、表面粗糙度、几何公差和表面热处理等。

常用的金属材料有铸铁、碳钢、铜、铝及其合金等。机用虎钳中的固定钳身、活动钳身和螺母块为铸造零件,一般选用灰口铸铁,如 HT200;螺钉、钳口板用 45 钢;其他非标准的零件均采用普通碳素结构钢 Q235。

三、绘制机用虎钳装配图

1. 机用虎钳装配图的视图选择

如图 2-1-8(a)所示,假想以通过机用虎钳螺杆轴线的正平面将机用虎钳剖开,以箭头所示方向作为主视图的投射方向,画出全剖的主视图。如图 2-1-8(b)所示,能比较理想地反映机用虎钳的工作原理和主要装配关系,也符合机用虎钳的正常工作位置要求。

为了表达机用虎钳的工作原理及各零件的连接和装配关系,又因机用虎钳前后对称,可在左视图上采用半剖视图,其中半个视图表达机用虎钳沿着螺杆轴线方向的外形,而半个剖

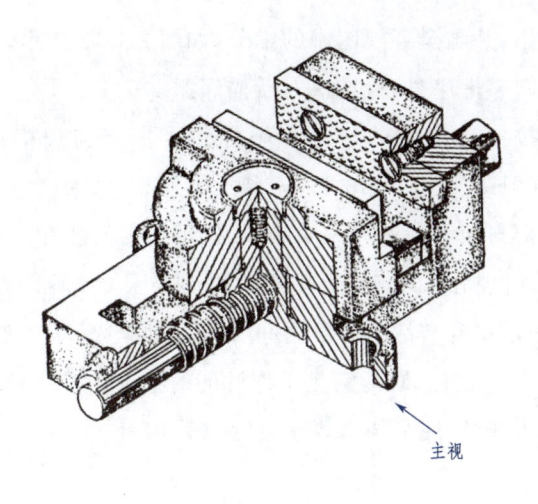

(a)机用虎钳主视图方向

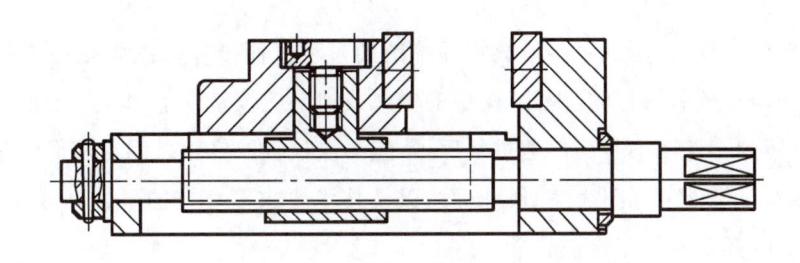

(b)机用虎钳主视图的表达方案

图 2-1-8　机用虎钳主视图的方向及表达方案

视图则表达出螺母块与螺杆之间、螺母块与固定钳身及活动钳身之间的连接和装配关系。另外,为了表达清楚机用虎钳安装孔的结构,左视图采用了局部剖,如图 2-1-9 所示。

俯视图采用局部剖视图表达机用虎钳垂直于螺杆轴线方向的外部形状,其中的局部剖表达了钳口板与固定钳身之间的螺钉连接情况。

另外,为了表达机用虎钳的螺杆右端的结构(将与操纵手柄配合的部分),采用了一个移出断面图来表达。

2. 机用虎钳装配图的画图步骤

(1)绘制各基本视图的中心线和作图基准线,如图 2-1-10 所示。

(2)绘制固定钳身的主要轮廓,如图 2-1-11 所示。

(3)绘制螺杆的各视图,注意螺杆的轴线位置由右端的垫圈与螺杆的台肩确定,如图 2-1-12所示。

(4)从主视图开始,按装配关系逐个绘制其他各零件的视图,同时,画出每个零件的俯视图和左视图。必须注意画图的顺序,活动钳身在固定钳身上的位置确定以后,再绘制螺母块、螺钉和钳口板的投影,并画全各视图中的细节,如图 2-1-13 所示。

(5)标注尺寸及编写零件序号,检查核对后描深。

机用虎钳部件中按照装配图的尺寸种类标注了性能与规格尺寸 0～70,装配尺寸 $\phi 12H8/f9$、$\phi 18H8/f9$、$80H8/f9$、$\phi 20H8/f9$,安装尺寸 116,总体尺寸 210、146、60,其他重要尺寸 16 等。有关的极限与配合的选择说明如下:机用虎钳的螺杆和固定钳身两端的支承孔之间有配合要求,但机用虎钳工作时要求螺杆转动要灵活,所以选择的是 $\phi 12H8/f9$ 和 $\phi 18H8/f9$ 间隙配合;固定钳身与活动钳身之间、活动钳身与螺母块之间也都采用间隙配合,即 $80H8/f9$ 和 $\phi 20H8/f9$。这样,既能满足工作性能的要求,又使得安装方便。

(6)填写标题栏和明细栏,注写技术要求,结果如图 2-1-14 所示。

四、绘制零件图

画装配图的过程,也是进一步校核零件草图的过程。而画零件图则是在零件草图经过画装配图进一步校核后进行的,因此,图中的错误或遗漏应该基本上消除了。但是还必须注意,从零件草图到零件图不是简单地重复照抄,应再次检查及修正。因为零件图是制造零件的依据,所以对于零件的视图表达、尺寸标注以及技术要求等存在的不合理或不完整之处,在绘制零件图时都要调整和修正。

机用虎钳中非标准件的零件图,如图 2-1-15～图 2-1-21 所示。

装配图和零件图全部完成后,将全部图纸做最后的校核。

1. 装配图的校核内容

(1)零件之间的装配关系有无错误;

(2)装配图上有无遗漏零件,按装配图上零件序号在零件明细栏中一一对照,使装配图上零件的数目完整,不致遗漏;

(3)装配尺寸有无标注错误,特别是许多零件装在一起的总体尺寸,必须对照零件图重新校核;

(4)技术要求有无漏注,是否合理。

2. 零件图的校核内容

(1)视图表达是否完整、清晰,有无错误;

(2)尺寸有无遗漏或标注不合理;

(3)相互配合的零件极限配合要求是否一致,公差数值有无错误;

(4)表面粗糙度有无漏注,特别是对铸造零件,如果表面粗糙度漏注,该表面毛坯的加工余量就不存在了。

装配图和零件图校核完成后,机用虎钳的测绘工作才告结束。

图2-1-9 机用虎钳的表达方案

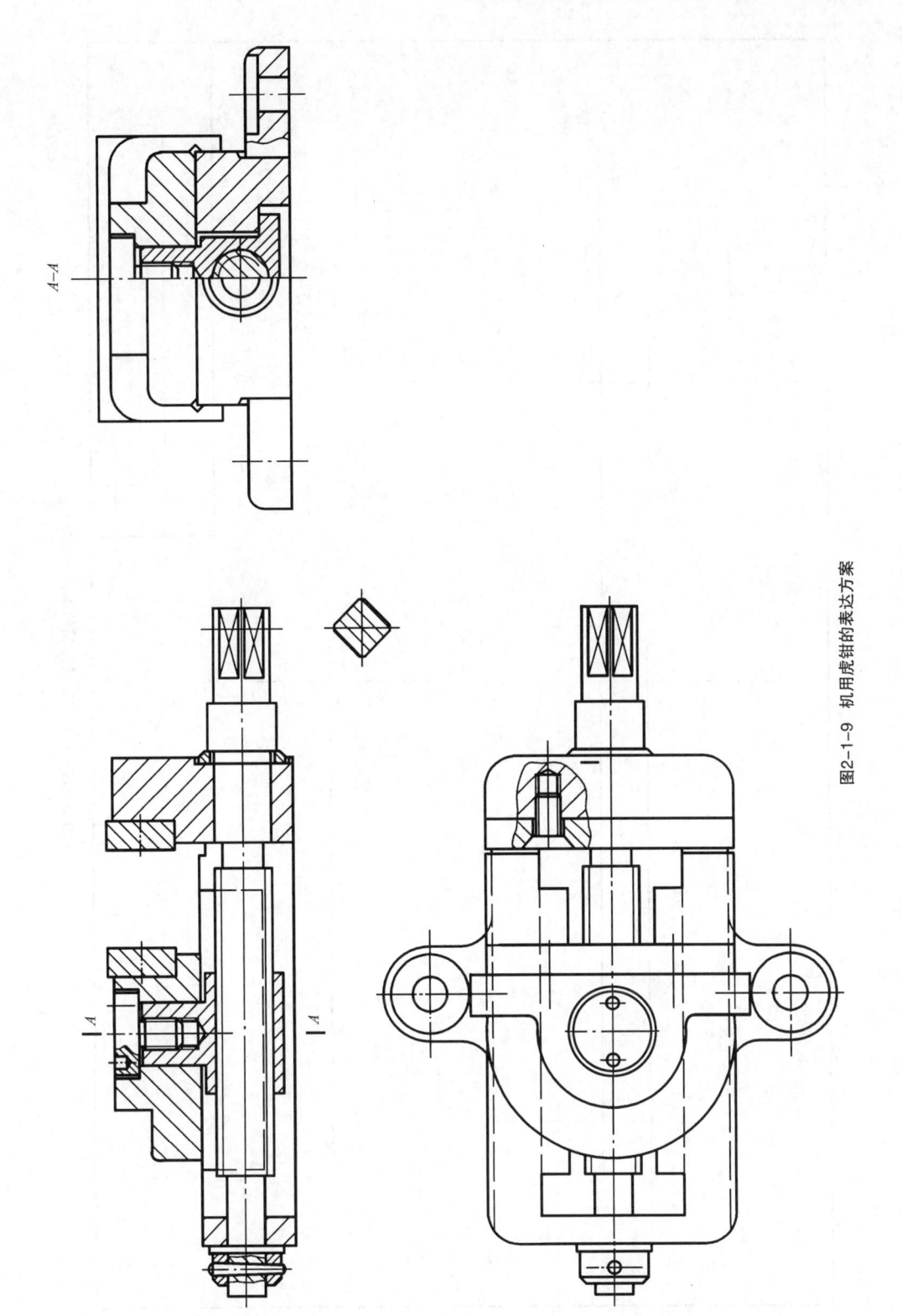

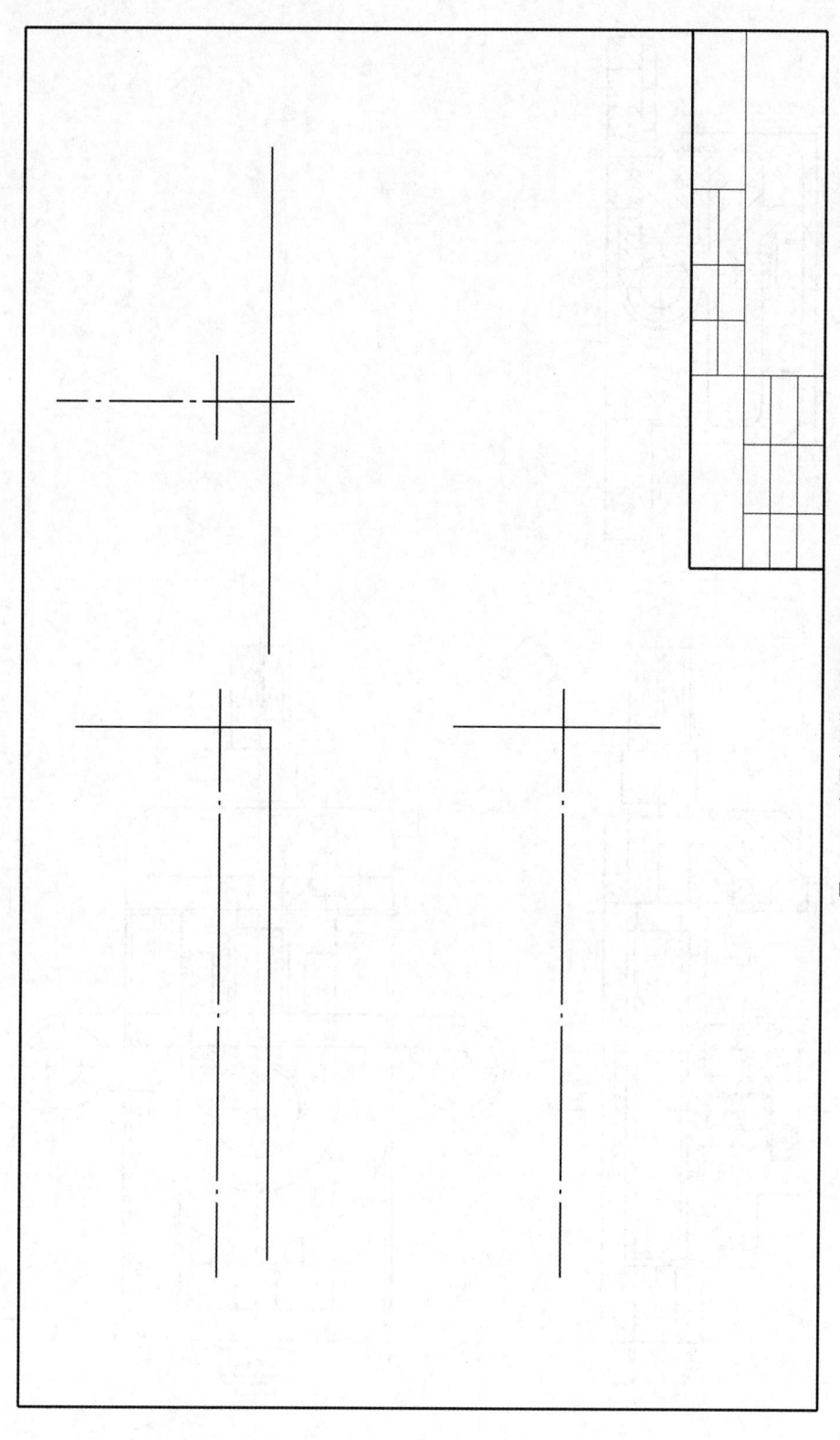

图 2-1-10 机用虎钳装配图的画图步骤（1）

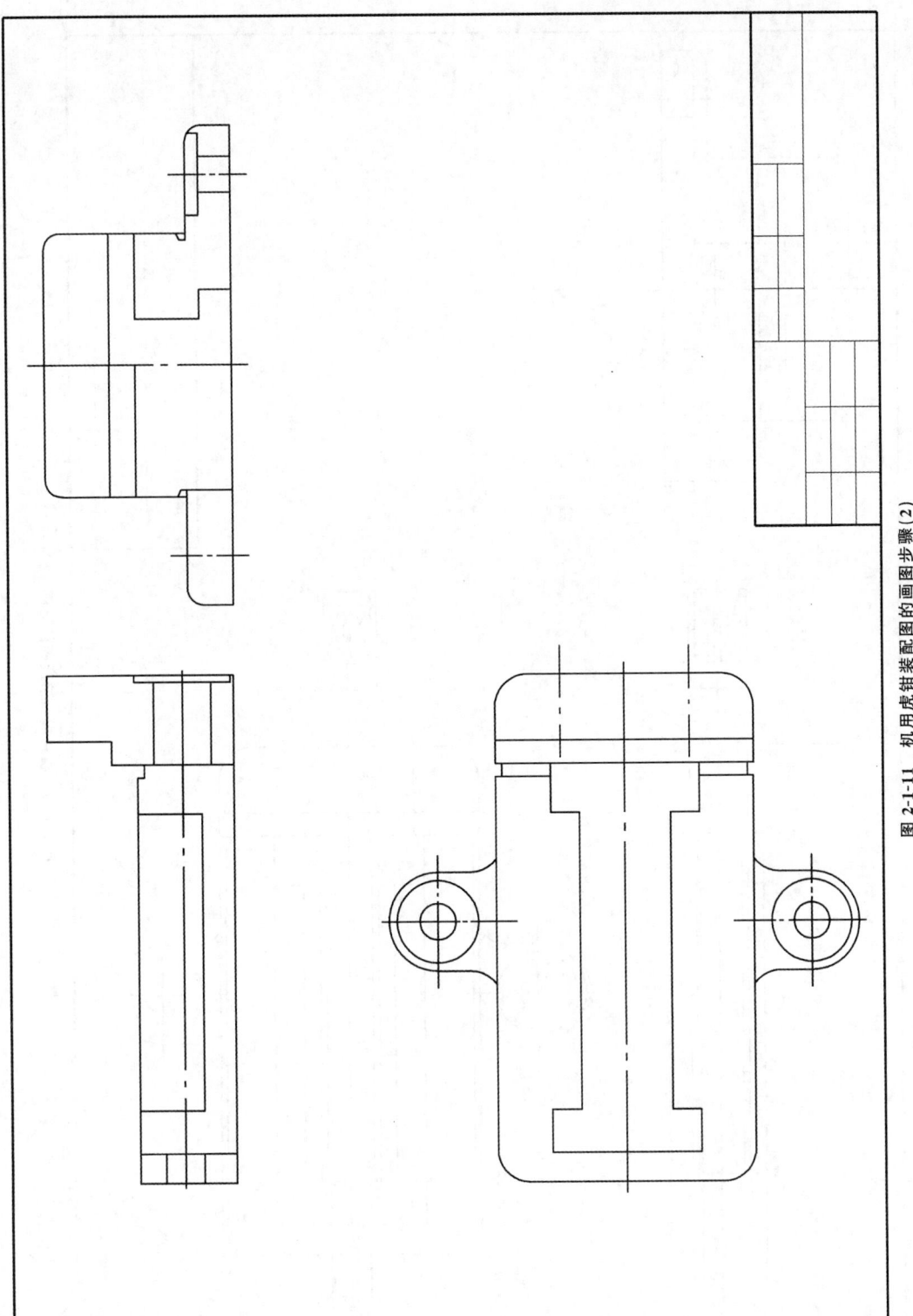

图 2-1-11 机用虎钳装配图的画图步骤(2)

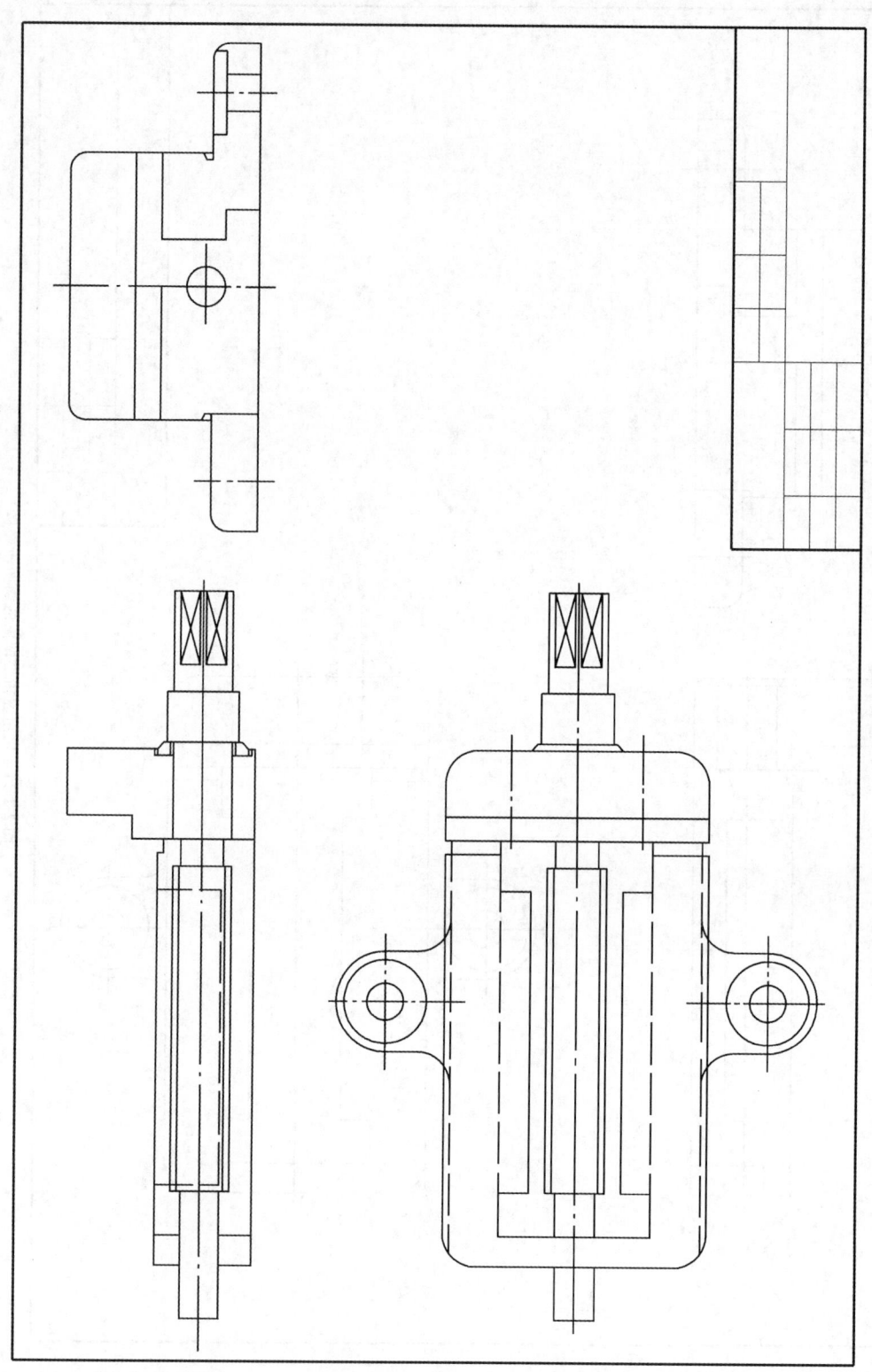

图 2-1-12　机用虎钳装配图的画图步骤（3）

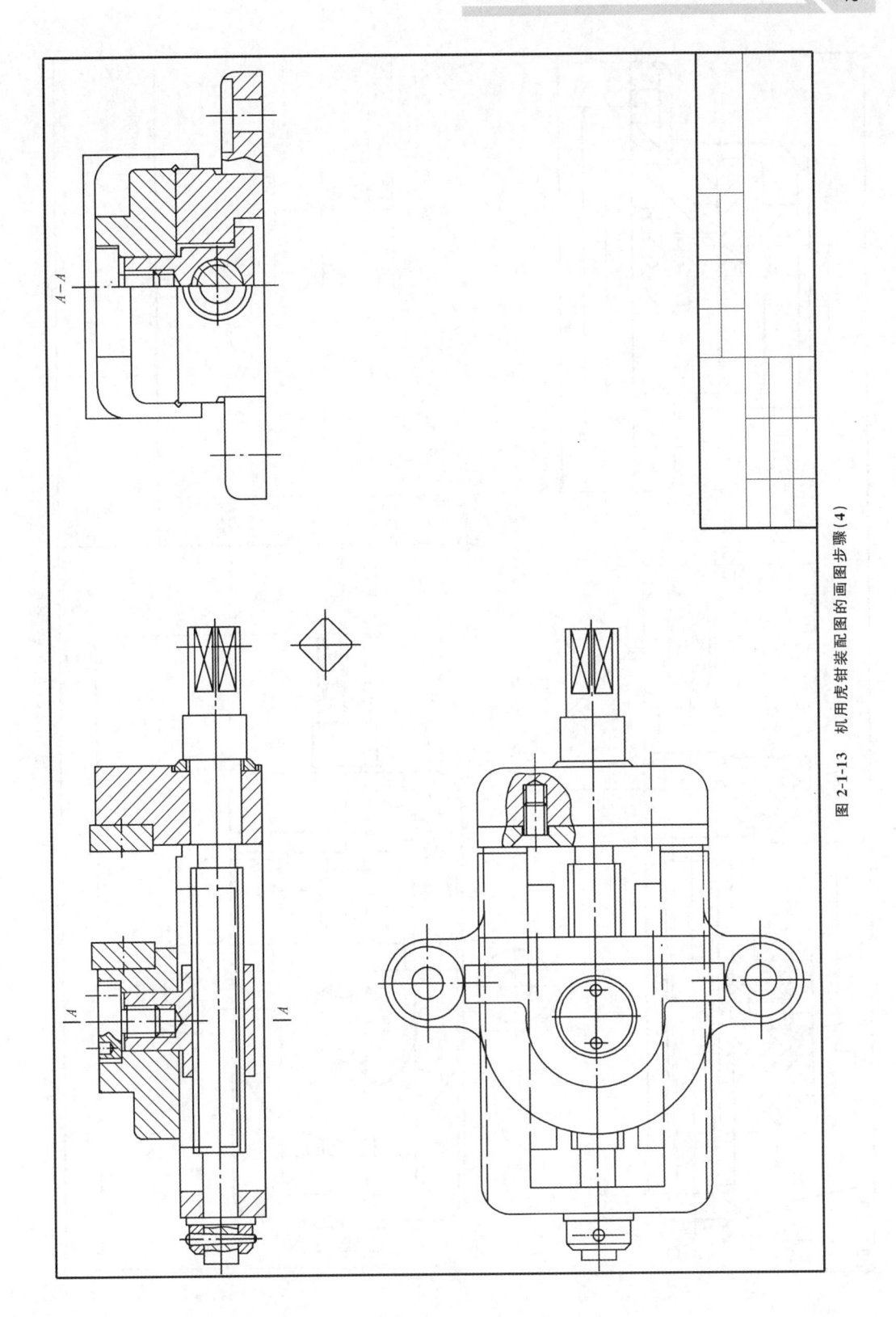

图 2-1-13 机用虎钳装配图的画图步骤（4）

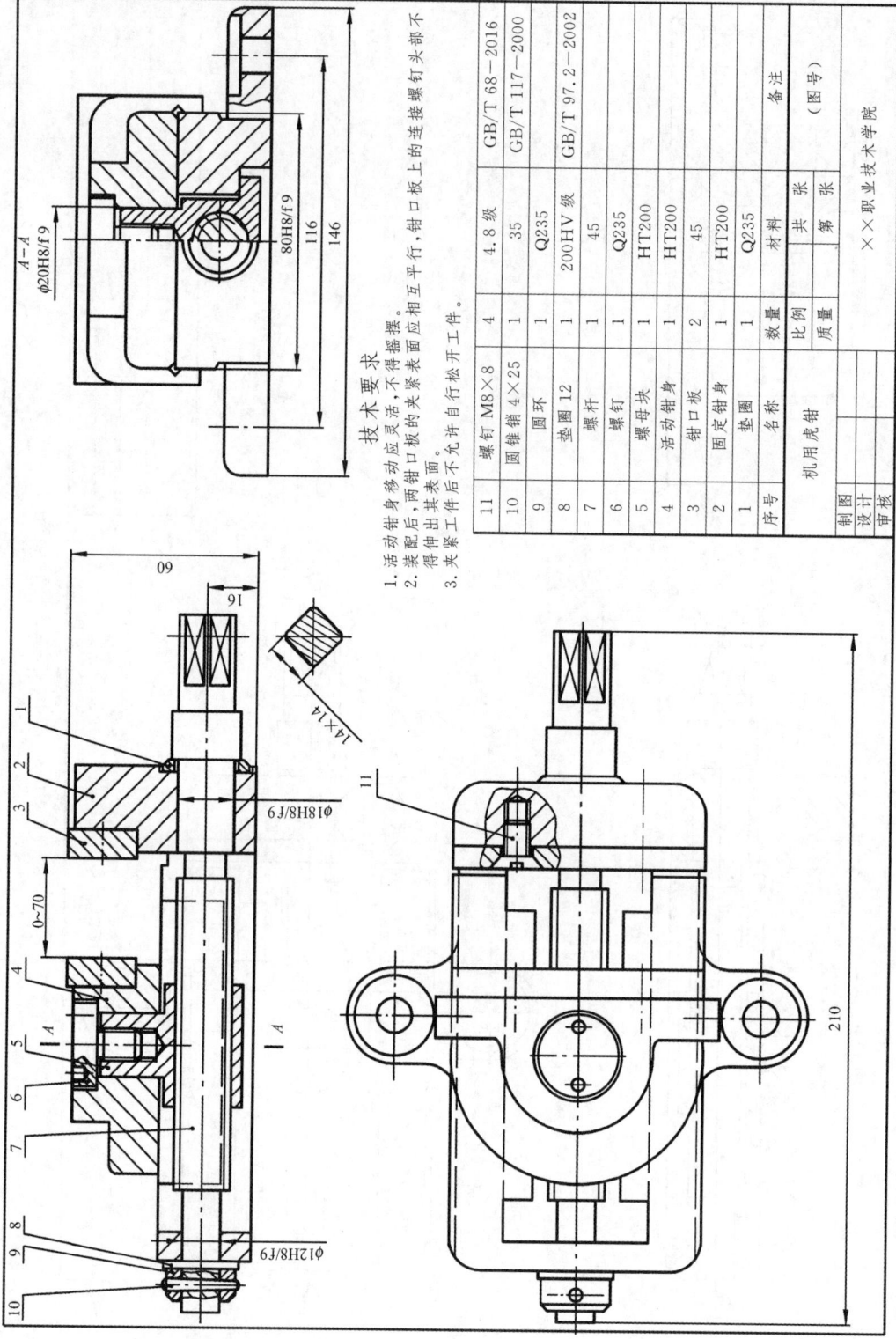

技术要求
1. 活动钳身移动应灵活，不得摇摆。
2. 装配后，两钳口板的夹紧表面应相互平行，钳口板上的连接螺钉头部不得伸出其表面。
3. 夹紧工件后不允许自行松开工件。

11	螺钉 M8×8	4	4.8级	GB/T 68—2016
10	圆锥销 4×25	1	35	GB/T 117—2000
9	垫圈 12	1	Q235	GB/T 97.2—2002
8	垫圈 12	1	200HV级	
7	螺杆	1	45	
6	螺母块	1	Q235	
5	活动钳身	1	HT200	
4	钳口板	2	HT200	
3	固定钳身	1	HT200	
2	垫圈	1	45	
1		1	Q235	
序号	名称	数量	材料	备注

机用虎钳

图 2-1-14 机用虎钳装配图

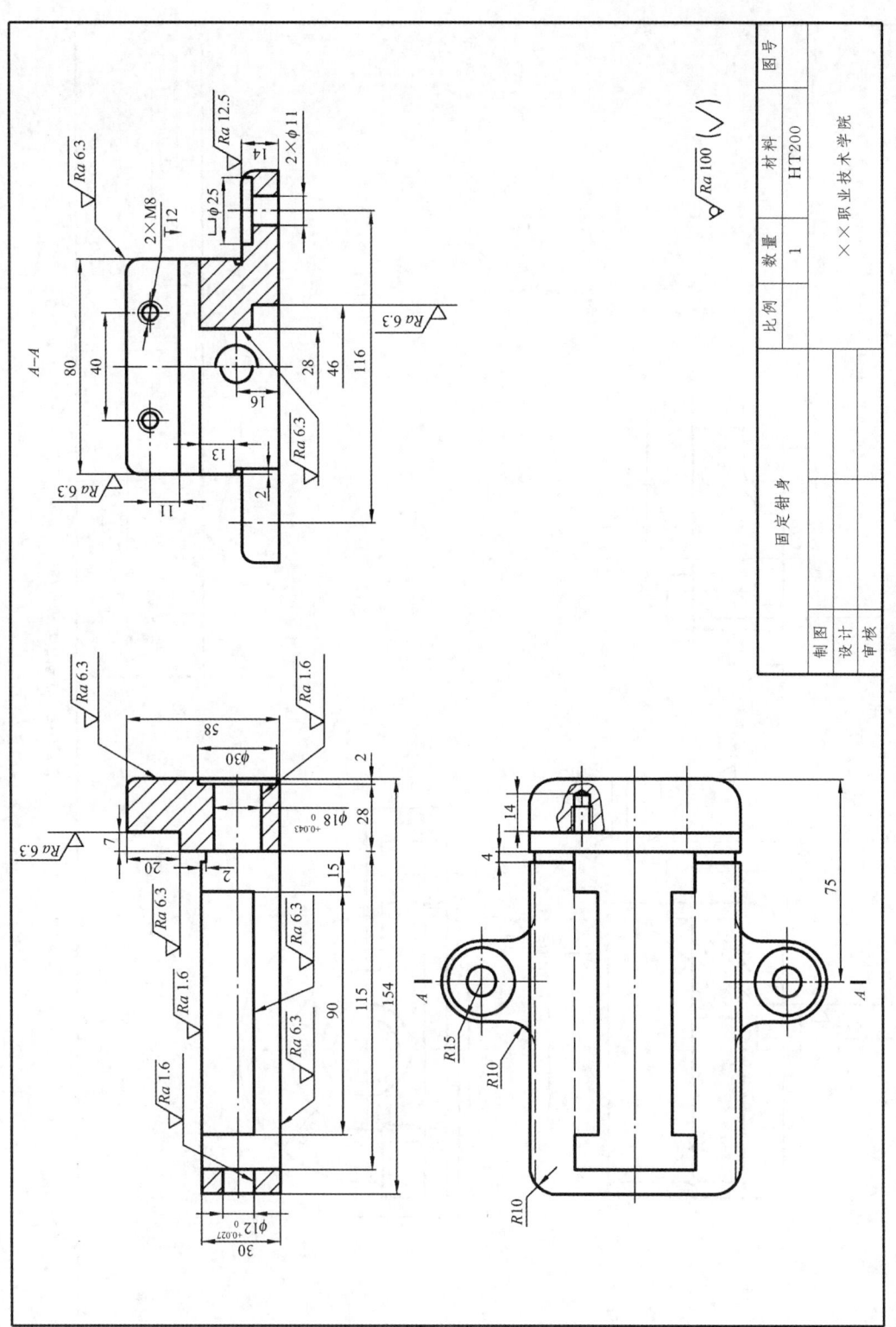

图 2-1-15 固定钳身零件图

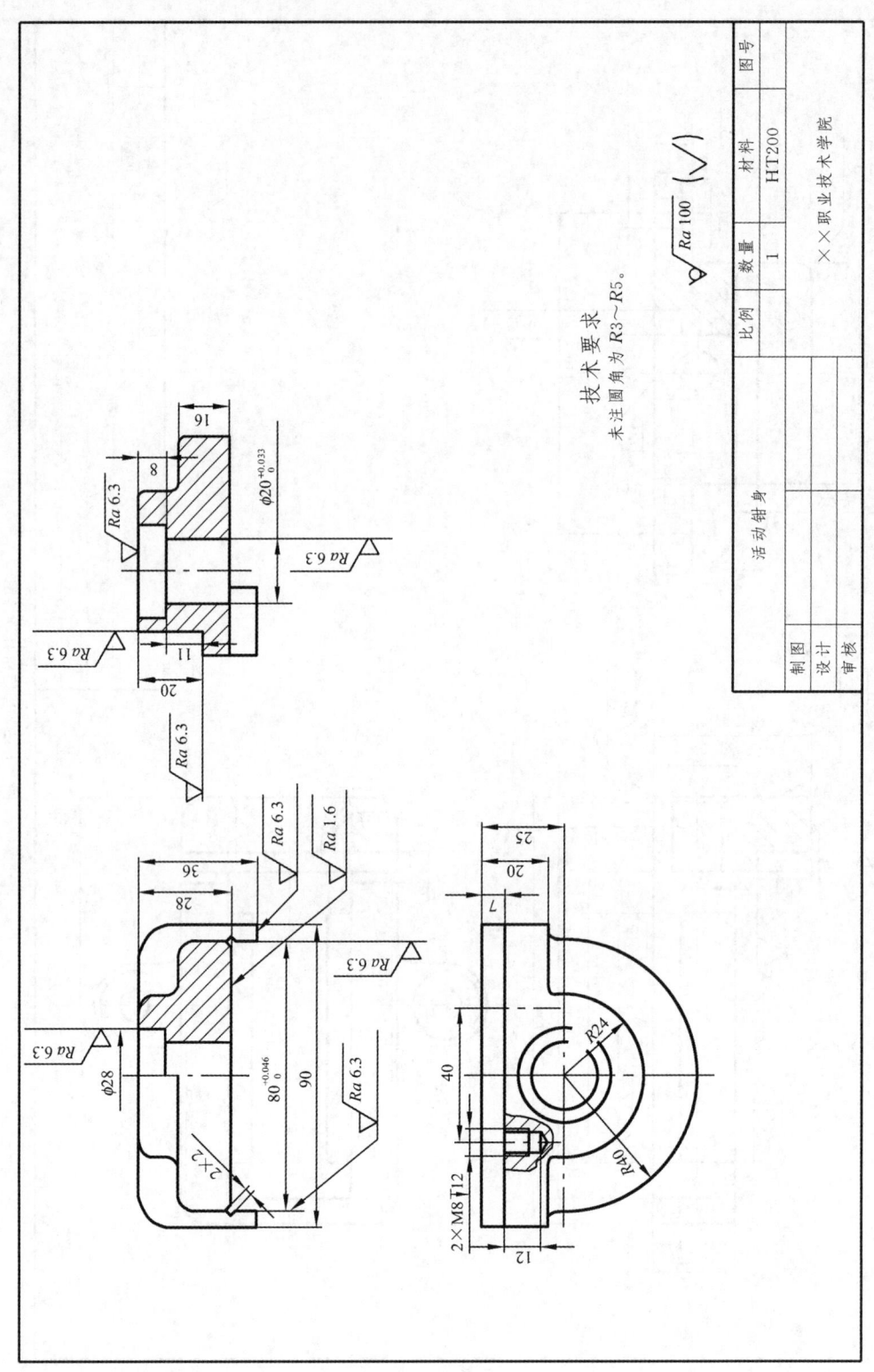

图 2-1-16 活动钳身零件图

图 2-1-17 钳口板零件图

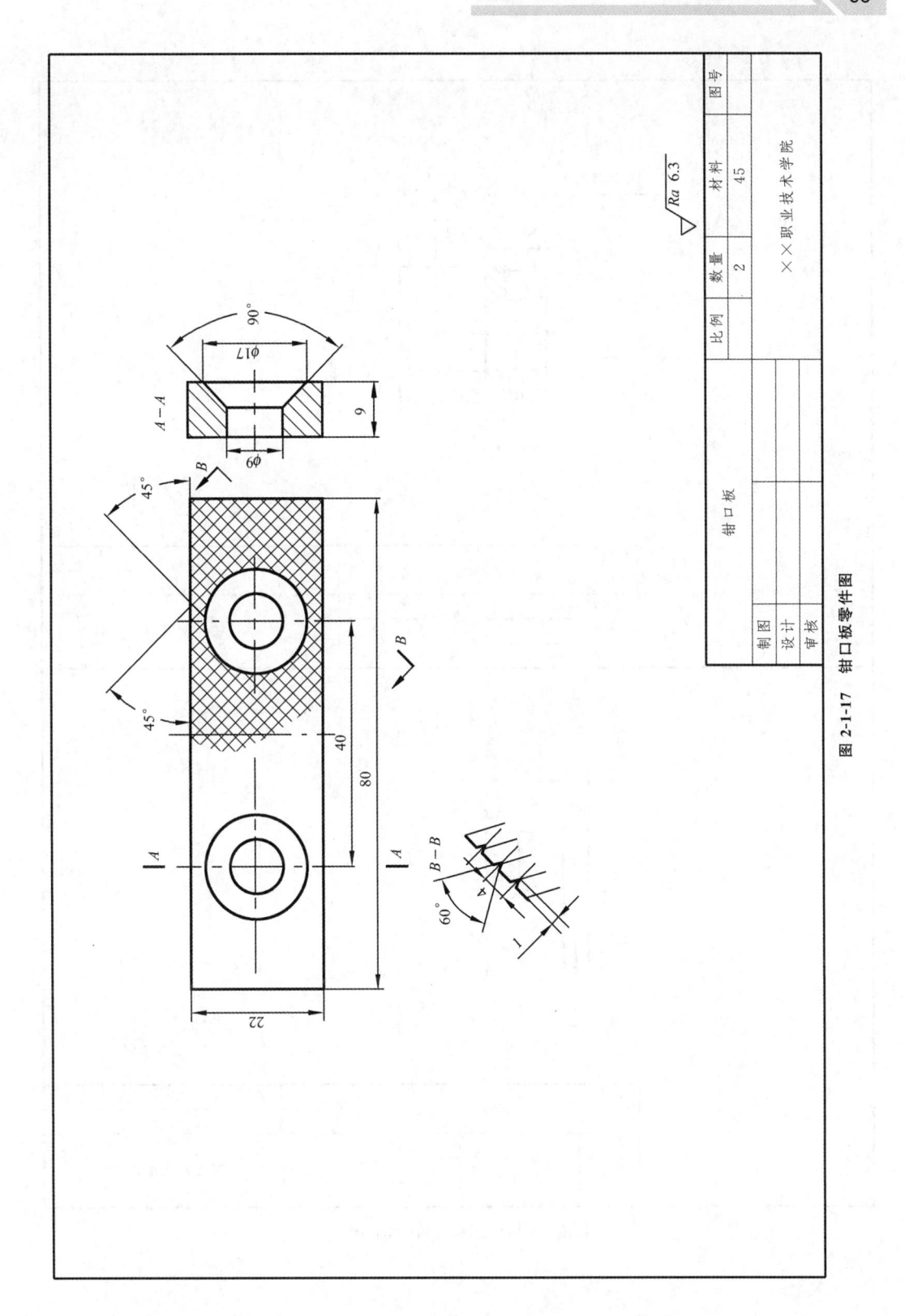

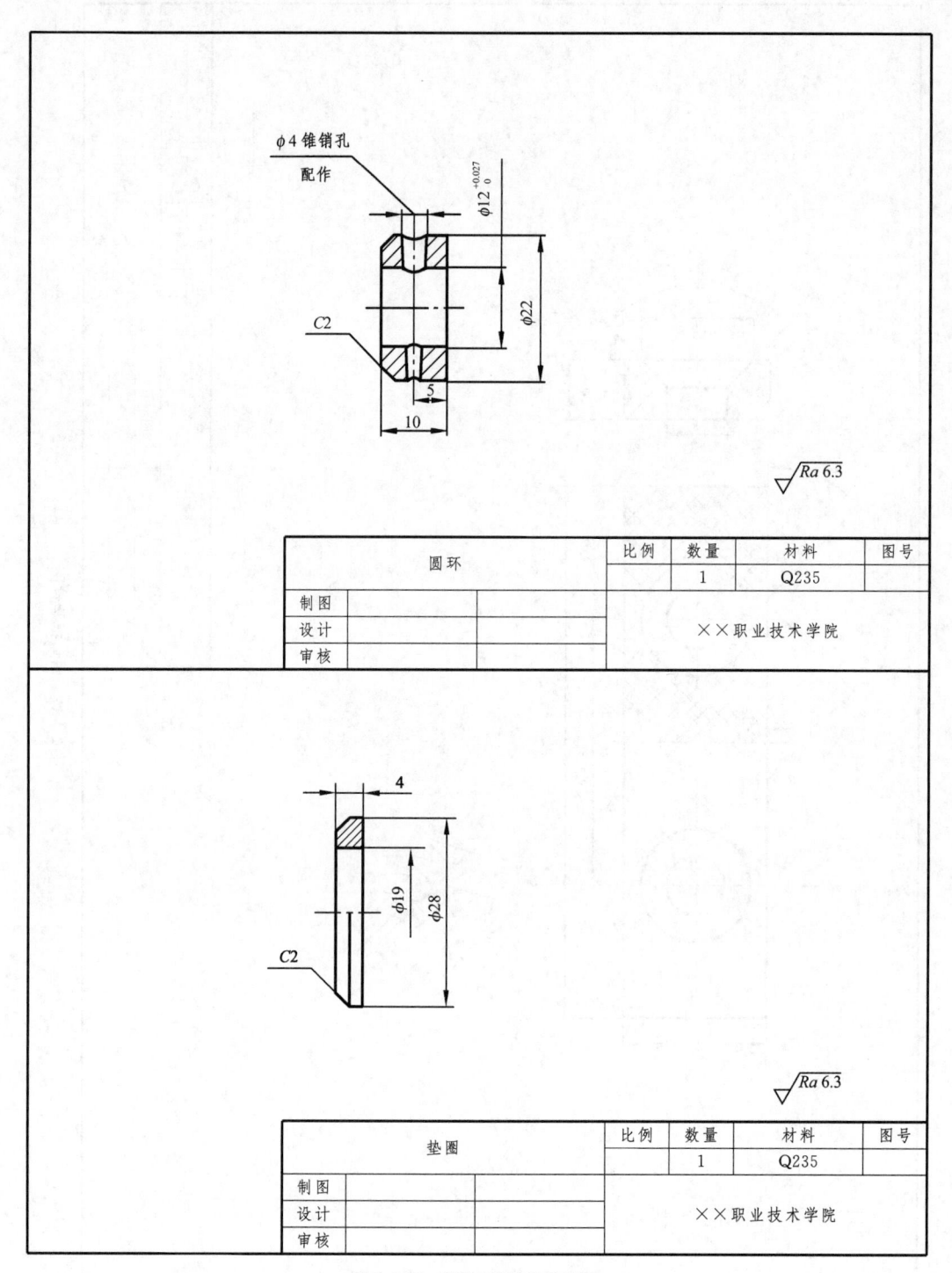

图 2-1-18 圆环、垫圈的零件图

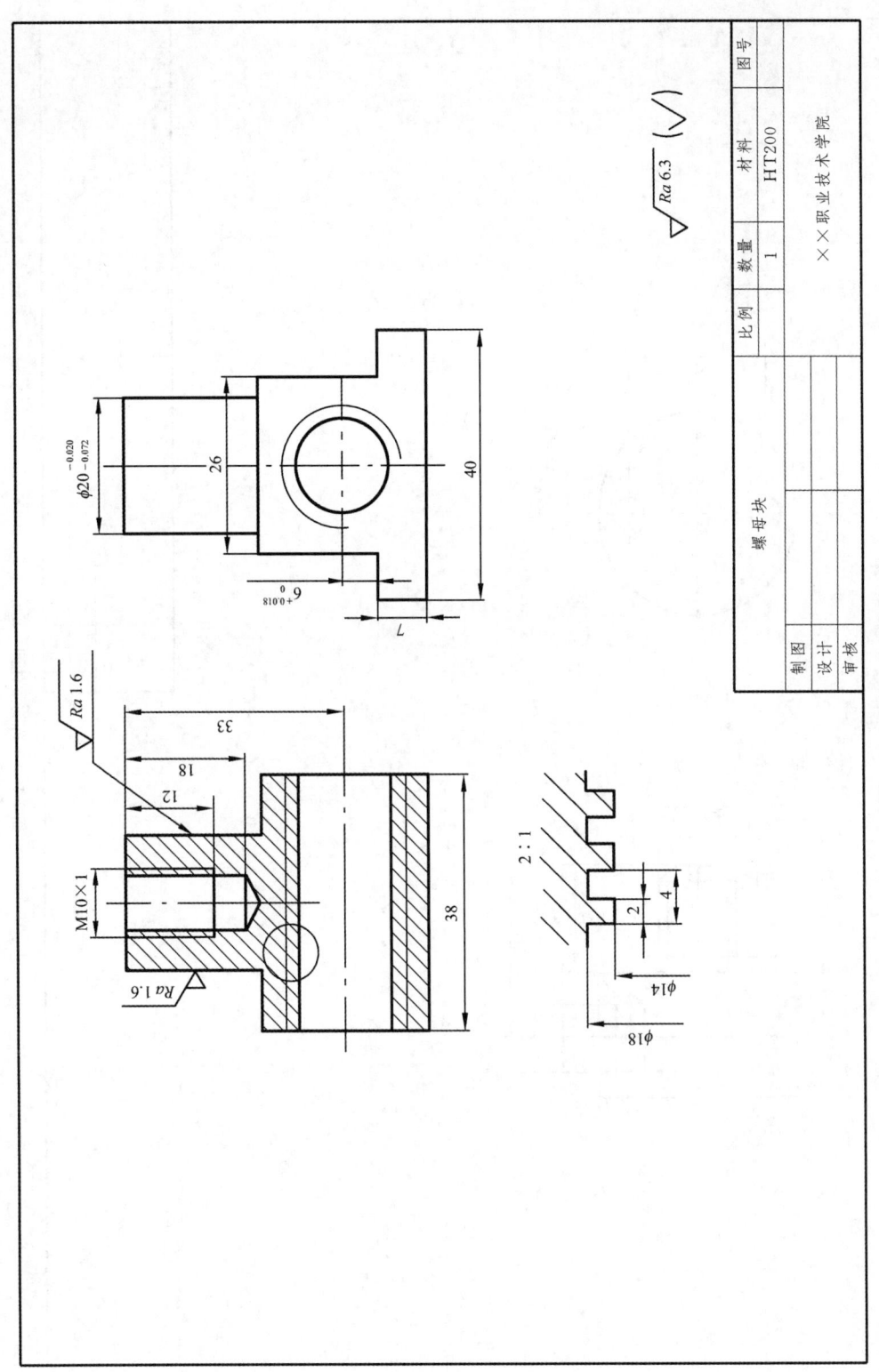

图 2-1-19 螺母块零件图

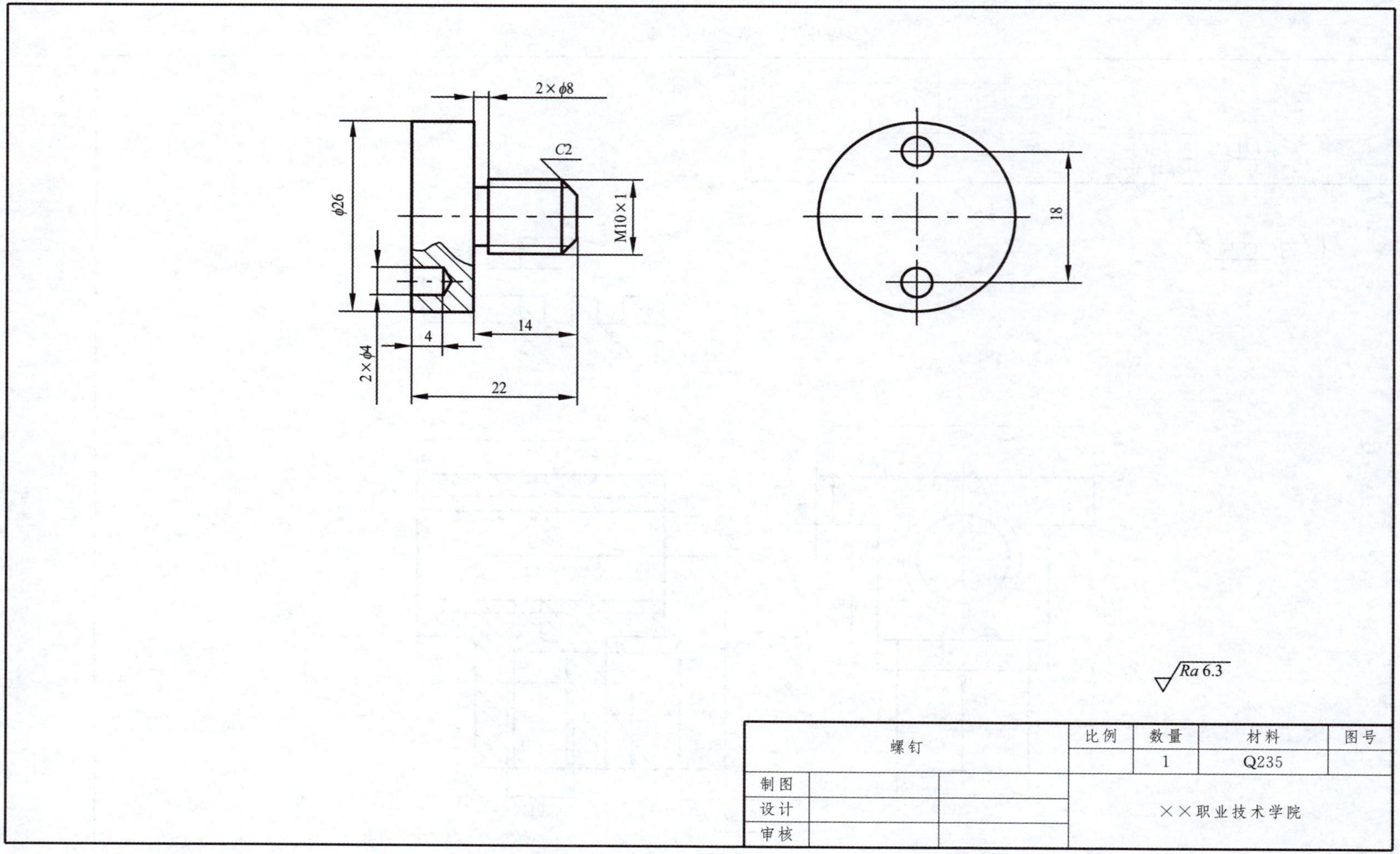

图 2-1-20 螺钉零件图

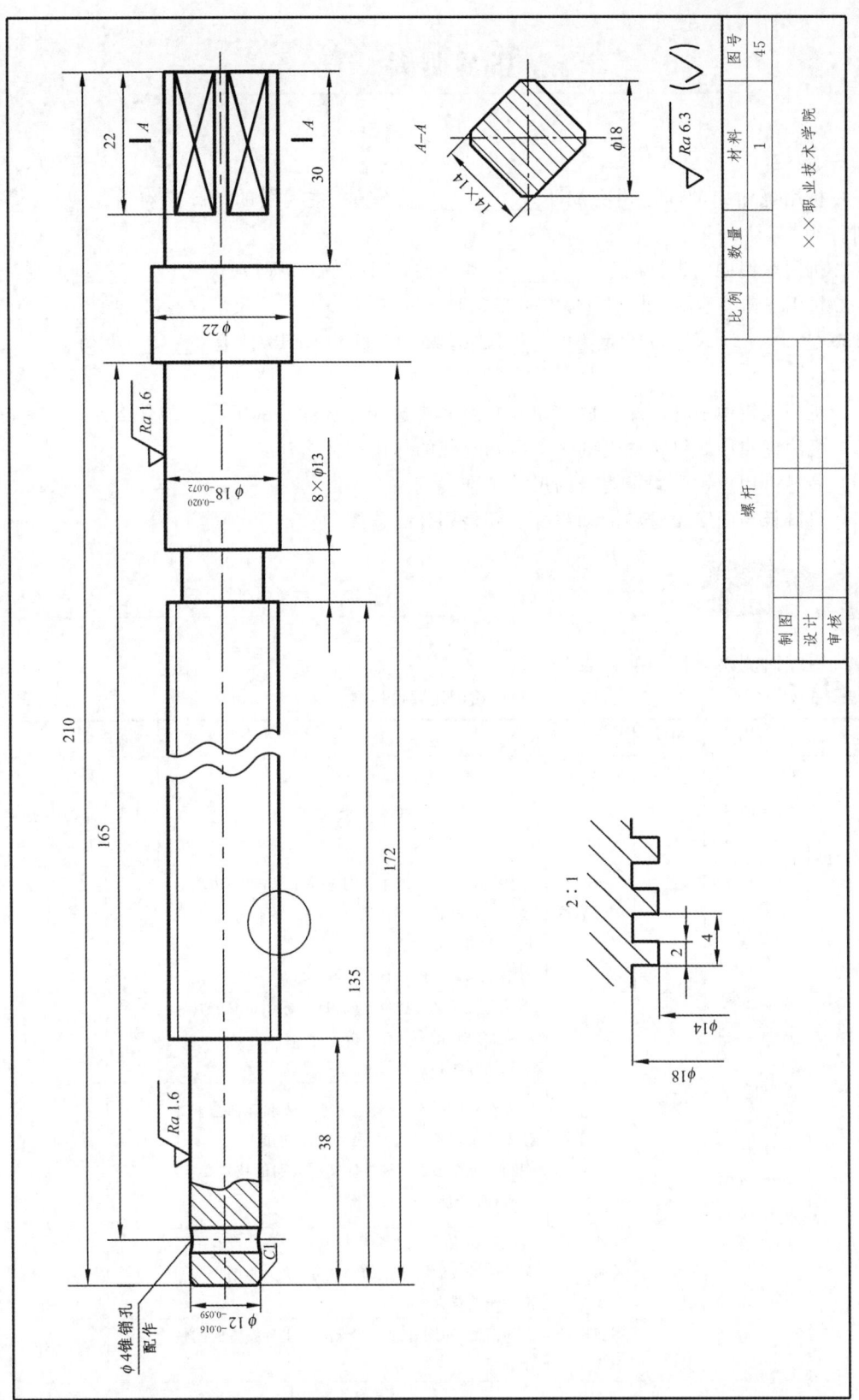

图 2-1-21 螺杆零件图

拓展训练

一、填空

1. 机用虎钳中的固定钳身属于_____类零件，主视图的选择应符合_____原则。
2. 机用虎钳中的螺杆属于_____类零件，主视图的选择应符合_____原则。
3. 机用虎钳装配图(图2-1-14)中的210、146和60是_____尺寸，0～70是_____尺寸，160是_____尺寸，116是_____尺寸，ϕ20H8/f9和80H8/f9是_____尺寸。

二、简答

1. 机用虎钳中螺杆两端与固定钳身孔之间应选择什么性质的配合？为什么？
2. 机用虎钳中螺钉零件上的2×ϕ4 mm孔的作用是什么？
3. 简述机用虎钳中固定钳身的尺寸基准。
4. 钳口板与固定钳身和活动钳身之间是用什么连接的？

成果评价

机用虎钳测绘评价标准见表2-1-2。

表 2-1-2　　　　　　　　机用虎钳测绘评价标准

姓名		组别			组长		
评价项目	考核内容	评价方法	评价标准		得分		
					自我评价	组内互评	教师评价
专业能力70%	遵守《机械制图》和《技术制图》相关的国家标准，掌握并运用机械制图的基础知识(50%)	现场考核	图形表达(15%)	零件图和装配图的主视图选择正确，表达方案合理。主视图选择不合理或表达方案不完整，每出现一次扣3分。图形中线型正确，错一处扣1分			
			尺寸标注(15%)	零件图尺寸基准选择正确，尺寸标注正确、清晰、完整、合理，错一处扣1分。装配图标注必要的尺寸，缺一个扣1分			
			技术要求(10%)	零件图标注表面粗糙度、尺寸公差和几何公差等技术要求，缺一个或错误标注一处扣1分。零件图和装配图根据需要标注文字说明的技术要求，没有标注的缺一个扣1分			
			零件序号及明细栏(5%)	装配图要编写零件序号，绘制明细栏。没有编写零件序号或编写错误的扣3分；缺少明细栏或明细栏绘制错误的扣2分			
			图面质量(5%)	图面清洁，布图合理。对于图面质量较差的酌情扣分			

续表

姓名		组别			组长		
评价项目	考核内容	评价方法		评价标准	得分		
					自我评价	组内互评	教师评价
专业能力 70%	熟练使用绘图工具、仪器和量具等。积极参与,准确高效地进行测绘(20%)	现场考核	优秀(20%)	积极参与,准确高效地进行测绘。全勤			
			良好(15%)	比较积极参与,准确高效地进行测绘。全勤			
			中等(10%)	比较积极参与,比较准确地进行测绘。缺课1学时			
			合格(5%)	有限参与,在同学或老师的帮助下能够进行测绘。缺课1学时以上			
			不合格(0%)	未完成任务。缺课			
团队协作 10%	进行小组合作,完成测绘任务	现场考核		团队成员之间互相沟通、交流、协作,互帮互学,工作责任心强,具备良好的群体意识和社会责任			
职业素养 10%	按照"6S"标准要求,具有良好的工作习惯	现场考核		按照"6S"标准执行,具有良好的职业道德和吃苦耐劳的精神,安全操作,规范实施			
可持续发展 10%	自主学习和探索研究能力	任务单或线上考核		对老师布置的课前预习与资料查询和课后拓展训练的达成度			

任务2 齿轮油泵的测绘

学习目标

- 通过查阅资料,了解齿轮油泵的用途;分析其拆卸顺序并能够拆装部件,了解其组成、工作原理及各零件之间的连接与装配关系,掌握装配示意图的绘制方法,绘制齿轮油泵的装配示意图。
- 能够区分齿轮油泵中的标准件和非标准件,确定标准件的规定标记;分析非标准件的结构特点和零件类别,确定表达方案,绘制零件图;根据零件的结构特点及在装配体中的作用确定零件尺寸基准,按照零件图尺寸标注要求及形体分析法标注尺寸。
- 确定齿轮油泵的表达方案,绘制其装配图。要求部件的工作原理及零件之间的连接与装配关系表达清楚,进行必要的尺寸标注;根据零件之间的配合性质,参考同类产品的图纸标注配合尺寸及其他技术要求。
- 根据装配图对零件草图进一步进行校核,调整零件不合理的结构和尺寸,绘制正规的零件图,能够根据装配图中配合尺寸确定零件的尺寸公差并加以标注,标注零件表面粗糙度和几何公差等技术要求。

问题引导

1. 齿轮油泵的用途是什么?其工作原理是什么?
2. 齿轮油泵的拆卸顺序是什么?
3. 齿轮油泵有几种标准件?它们的标记是什么?

素养提升

"6S"管理之"整理"和"整顿":在零部件测绘过程中,要做好"整理"和"整顿"工作。"整理"就是将工装和工具等进行分类,把不需要的东西搬离工作场所,集中并分类予以标识管理,使工作现场只保留需要的东西。"整顿"就是将前面已区分好的,在工作现场需要的东西予以定量、定点并予以标识,存放在要用时能随时可以拿到的地方。通过整理和整顿,可以消除多余的积压物品,腾出空间,使工作场所整整齐齐,一目了然,消除寻找物品的时间,营造整齐、舒适的工作环境。

一、了解齿轮油泵的用途，拆卸部件，绘制装配示意图

1. 了解测绘对象

图 2-2-1 为齿轮油泵的立体图，表示齿轮油泵内、外结构形状以及各个零件之间的连接和装配关系。齿轮油泵是在液压系统中使用的一个部件。从图 2-2-1 可以看出：齿轮油泵由十种零件组成，其中有两种标准件，即内六角圆柱头螺钉 GB/T 70.1—2008 M6×16、销 GB/T 119.1—2000 5m6×18；八种非标准件，即左泵盖、垫片、泵体、主动齿轮轴、右泵盖、密封圈、螺塞、从动齿轮轴。

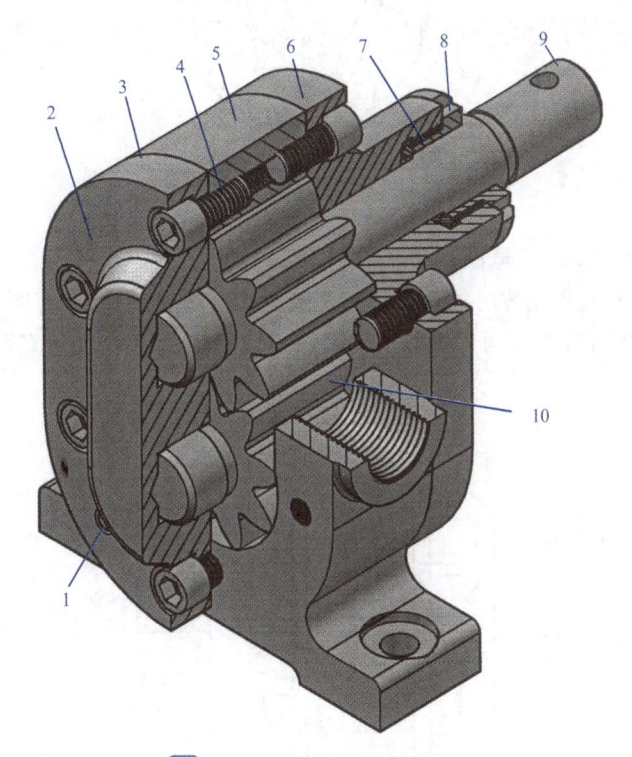

图 2-2-1 齿轮油泵的立体图

1—销；2—左泵盖；3—垫片；4—螺钉；5—泵体；6—右泵盖；7—密封圈；8—螺塞；
9—主动齿轮轴；10—从动齿轮轴

齿轮油泵靠泵体上的两个安装孔用螺栓固定在工作台上。工作时动力由主动齿轮轴输入，当它按逆时针方向（从左视图上观察）转动时，主动齿轮轴上的主动齿轮带动从动齿轮轴上的从动齿轮转动，从而使从动齿轮轴按顺时针方向转动，图 2-2-2 是齿轮油泵的工作原理图。如图 2-2-2 所示，当一对齿轮在泵体内进行啮合传动时，啮合区内右边由于两个相互啮合的轮齿逐渐脱离，密闭容积腔内的压力降低而产生局部真空，油箱中的油在大气压力的作用下，通过油管油泵低压区内的进油口，随着齿轮的转动，齿槽中的油不断地沿着箭头方向被带至左边，而左边两个轮齿逐渐进入啮合，使密闭容积腔内的压力升高，所以油通过出油口压出，送至液压系统中。

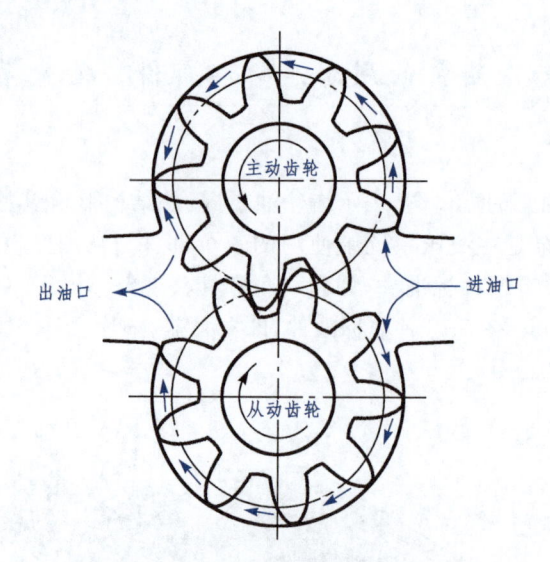

图 2-2-2　齿轮油泵的工作原理图

2. 拆卸部件和画装配示意图

根据部件的组成及各个零件之间的连接和装配关系,先将螺塞拆下来,再用内六角扳手将 12 个螺钉拆掉,其他各零件就可以拆卸下来了,绘制的齿轮油泵装配示意图如图 2-2-3 所示。

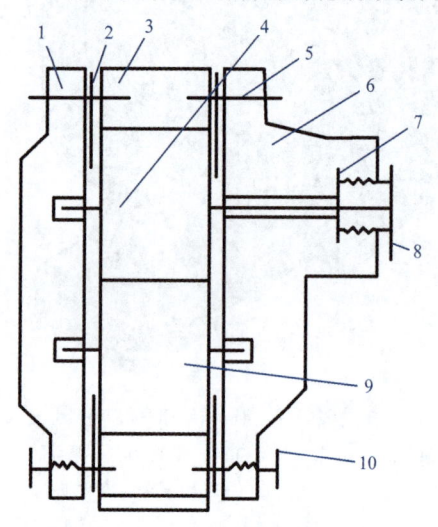

图 2-2-3　齿轮油泵装配示意图

1—左泵盖;2—垫片;3—泵体;4—主动齿轮轴;5—销;6—右泵盖;7—密封圈;
8—螺塞;9—从动齿轮轴;10—螺钉

二、绘制齿轮油泵非标准件的零件草图

通过对齿轮油泵各零件的分析得知,齿轮油泵有两种标准件,其标记见表 2-2-1。对于非标准件,要进行测绘,并且画出零件草图。

表 2-2-1　　　　　　　　　　齿轮油泵中的标准件

名　称	数　量	规定标记
螺　钉	12	螺钉 GB/T 70.1—2008 M6×16
销	4	销 GB/T 119.1—2000 5m6×18

1. 泵体的测绘

（1）泵体的结构分析

由图 2-2-1 可知，泵体属于箱体类零件，用于容纳和支承主动齿轮轴和从动齿轮轴，与泵盖一起形成密闭容积腔。为了使泵体与左、右泵盖连接，在泵体的左、右两侧分别加工六个螺纹孔，同时左、右两侧各有两个销孔，以便在泵体与泵盖安装时用销先定位；为了使齿轮油泵在工作时与液压系统连接，在泵体的前、后壁上各加工螺纹孔（即进、出油孔），泵体下面的两侧有两个耳板，其上有两个安装孔。

（2）视图选择与表达方案

以泵体的工作位置作为主视图的投射方向，如图 2-2-4 所示。图 2-2-5 是泵体的表达方案：主视图反映泵体前、后端面的形状特征，为了表达进、出油口的结构以及安装孔的结构，在主视图中采用三处局部剖；左视图是采用两个相交的剖切平面剖切泵体的全剖视图，表达泵体中间孔的结构以及销孔、螺纹孔的结构；用局部视图 B 表达泵体安装孔的形状及位置。

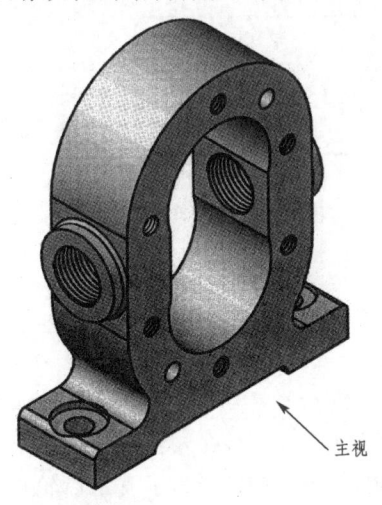

图 2-2-4　泵体结构及主视图方向的选择

（3）泵体的尺寸标注

如图 2-2-6 所示，泵体孔的中心高度 65 是一个重要的定位尺寸，应以底面为基准直接注出，所以泵体的底面为高度方向主要尺寸基准，泵体左右对称，所以长度方向以左右对称平面为尺寸基准，宽度方向以前表面或后表面为尺寸基准都可以（图 2-2-6 中以泵体后表面为宽度方向尺寸基准）。泵体两孔的中心距 28.76±0.03 是两个齿轮相互啮合传动的中心距，属于重要尺寸，应该直接注出。其他尺寸读者自行分析。

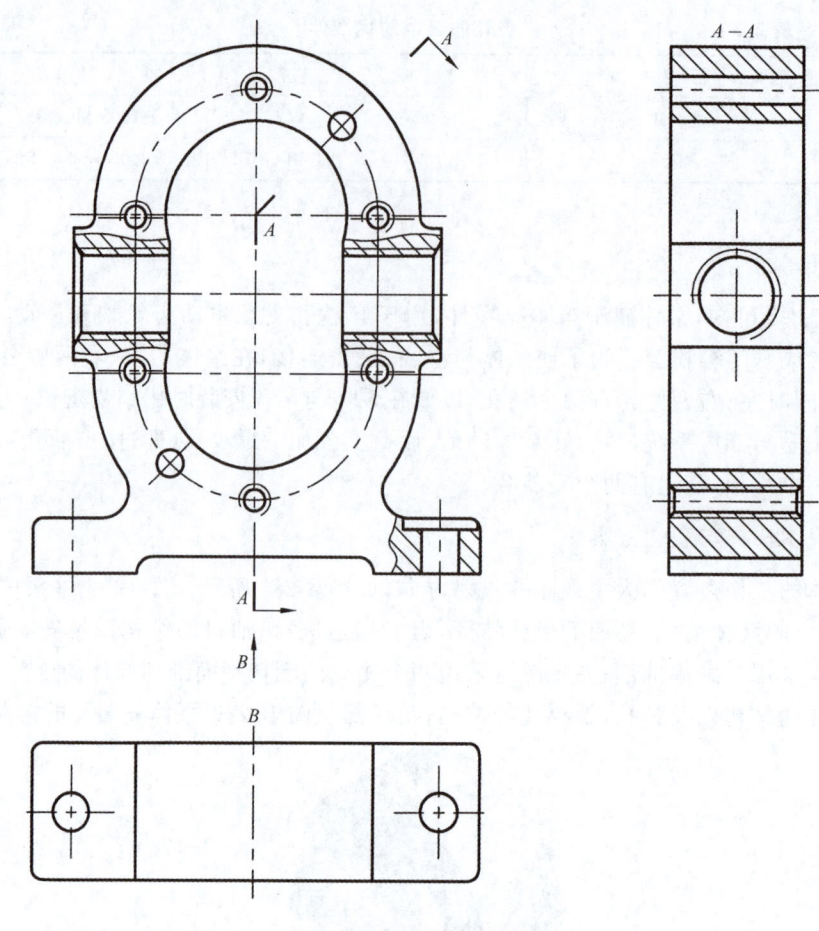

图 2-2-5　泵体的表达方案

2. 左泵盖的测绘

(1) 左泵盖的结构分析

由图 2-2-7 可知,左泵盖属于轮盘类零件,与泵体一起形成密闭容积腔,为了与泵体连接,其端面形状与泵体的端面形状相互吻合,在左泵盖上加工六个台阶孔用于螺钉连接,同时有两个销孔,以便与泵体安装时用销先定位,为了支承齿轮轴,在左泵盖上设计两个孔。

(2) 视图选择与表达方案

以左泵盖的加工位置为主视图的投射方向,如图 2-2-7 所示。图 2-2-8 是左泵盖的表达方案:主视图反映其加工位置,并且采用两个相交的剖切平面的全剖视图,表达泵体中间两孔的结构以及销孔、螺钉孔的结构,左视图表达左、右端面的形状特征,以及各个孔的形状及位置。

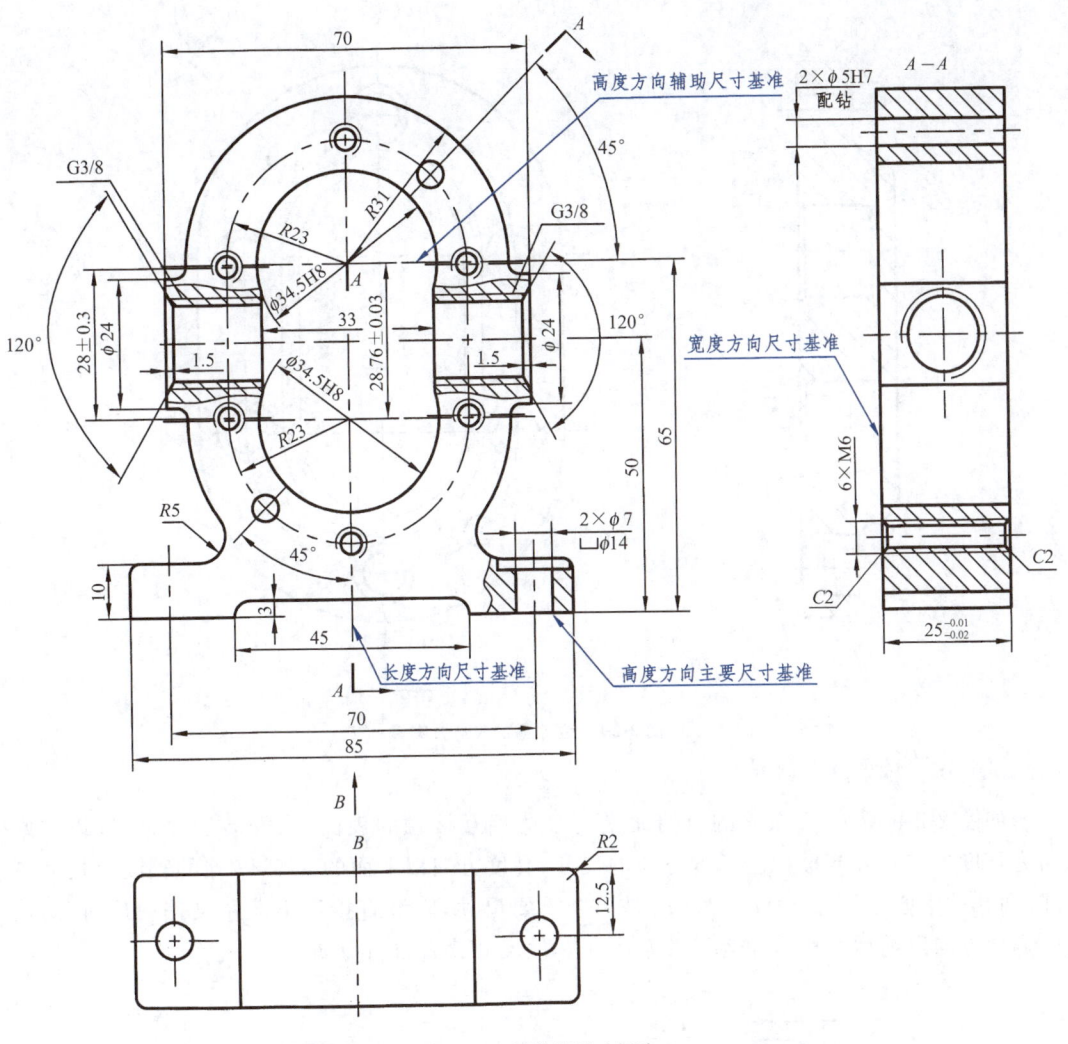

图 2-2-6　泵体的尺寸标注

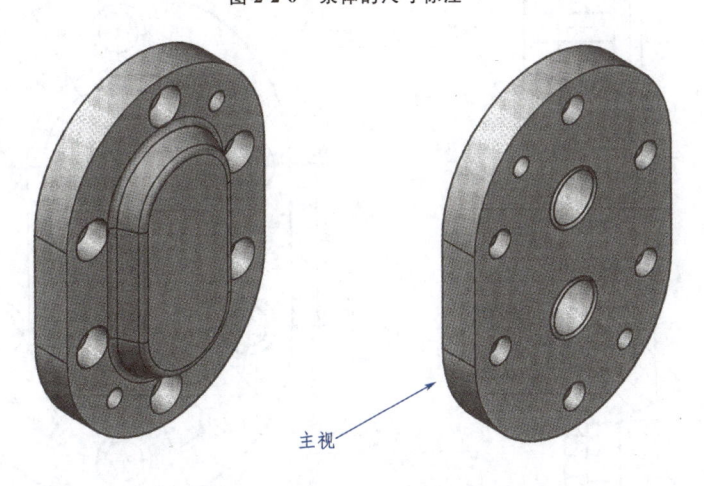

图 2-2-7　左泵盖的结构及主视图方向的选择

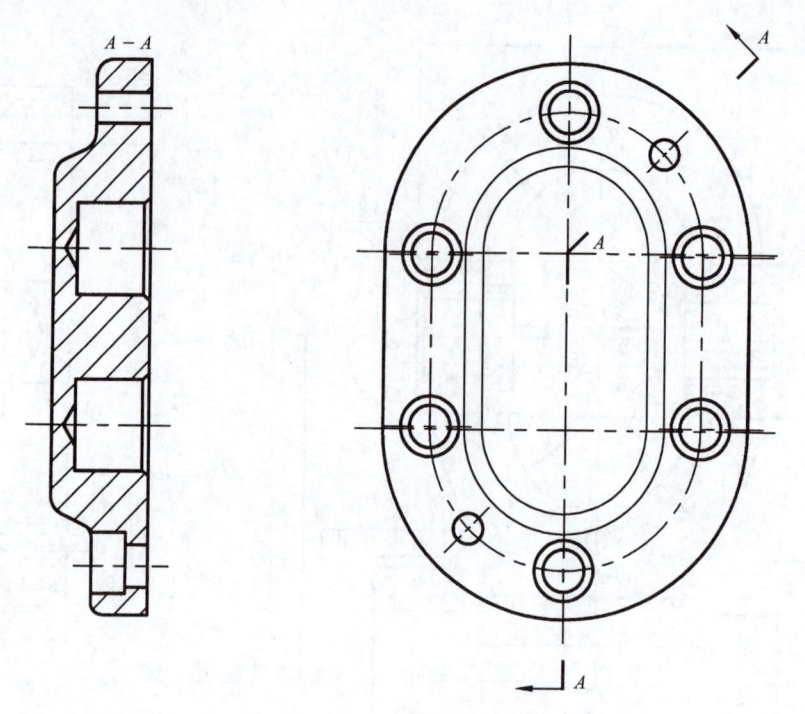

图 2-2-8　左泵盖的表达方案

（3）左泵盖的尺寸标注

如图 2-2-9 所示，左泵盖的右端面是与泵体相互接触的表面，为安装表面，所以以右端面为长度方向尺寸基准标注长度方向的尺寸，高度方向以上面的 $\phi15H7$ 孔的轴线为尺寸基准，两孔的中心距尺寸 28.76 ± 0.03 是一个重要尺寸，应该直接注出。左泵盖前后对称，所以宽度方向以前后对称平面为尺寸基准。其他尺寸读者自行分析。

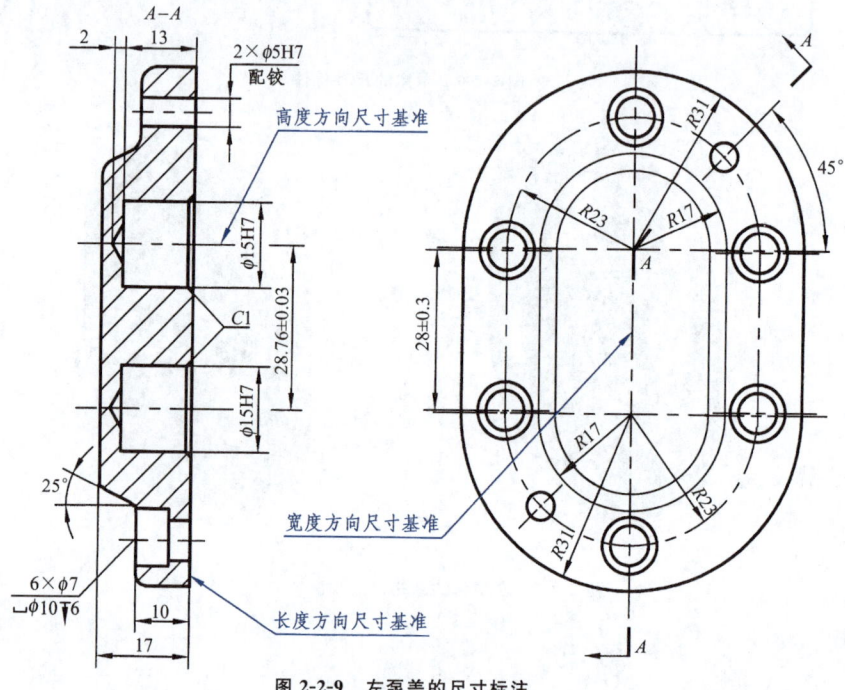

图 2-2-9　左泵盖的尺寸标注

3. 右泵盖的测绘

（1）右泵盖的结构分析

由图 2-2-10 可知,右泵盖属于轮盘类零件,与泵体一起形成密闭容积腔,为了与泵体连接,其端面形状与泵体的端面形状相互吻合,在右泵盖上加工六个台阶孔用于螺钉连接,同时有两个销孔,以便与泵体安装时用销先定位,为了支承齿轮轴,在右泵盖上设计两个孔。

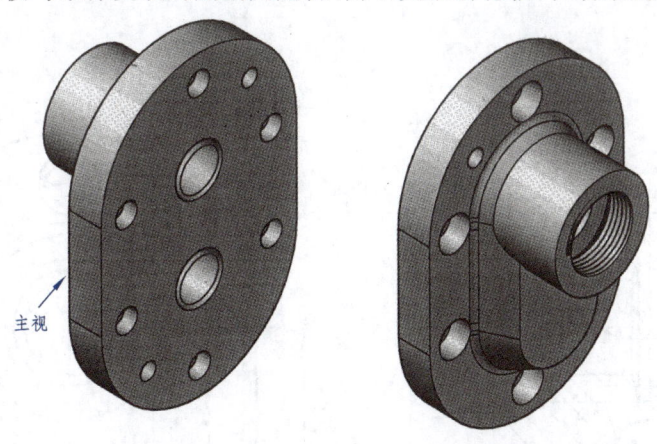

图 2-2-10　右泵盖的结构及主视图方向的选择

（2）视图选择与表达方案

以右泵盖的加工位置为主视图的投射方向,如图 2-2-10 所示。图 2-2-11 是右泵盖的表达方案:主视图反映其加工位置,并且采用两个相交的剖切平面的全剖视图,表达泵体中间两孔的结构以及销孔、螺钉孔的结构,左视图表达左、右端面的形状特征,以及各个孔的形状及位置。

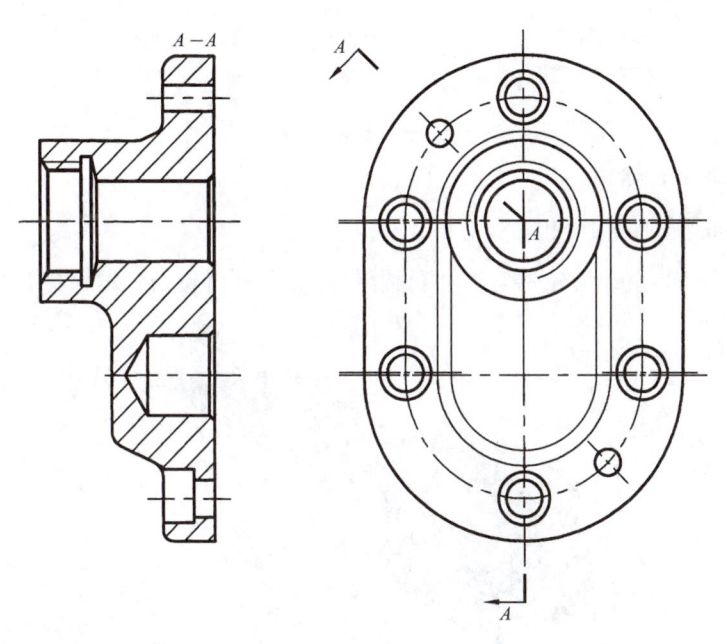

图 2-2-11　右泵盖的表达方案

(3) 右泵盖的尺寸标注

如图 2-2-12 所示，右泵盖的右端面是与泵体相互接触的表面，为安装表面，所以以右端面为长度方向尺寸基准标注长度方向的尺寸，高度方向以上面的 $\phi15H7$ 孔的轴线为尺寸基准，两孔的中心距尺寸 28.76±0.03 是一个重要尺寸，应该直接注出。右泵盖前后对称，所以宽度方向以前后对称平面为尺寸基准。其他尺寸读者自行分析。

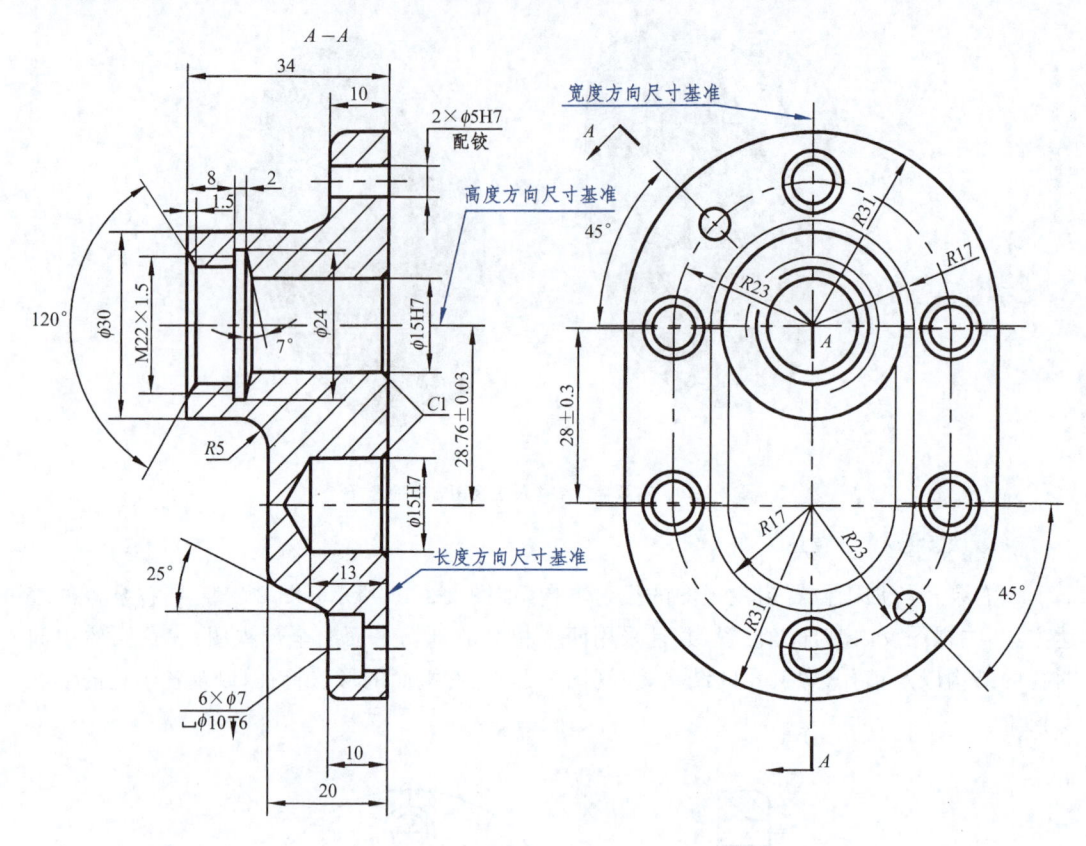

图 2-2-12　右泵盖的尺寸标注

4. 主动齿轮轴的测绘

(1) 主动齿轮轴的结构分析

由图 2-2-13 可知，主动齿轮轴属于轴套类零件，其上有齿轮、孔、越程槽等结构。

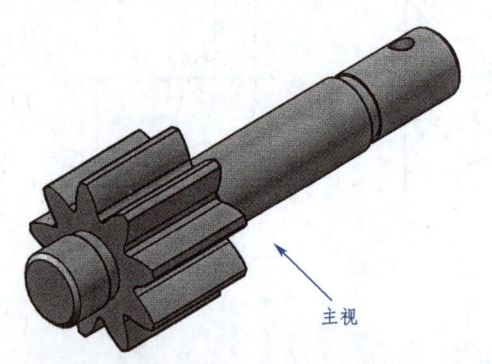

图 2-2-13　主动齿轮轴的结构及主视图方向的选择

(2)视图选择与表达方案

以主动齿轮轴的加工位置为主视图的投射方向,如图 2-2-13 所示。图 2-2-14 是主动齿轮轴的表达方案:主视图反映其加工位置,轴线水平放置,并且采用局部剖表达轮齿部分的结构和孔的内部结构,另外用一个局部视图表达轮齿的端面形状。

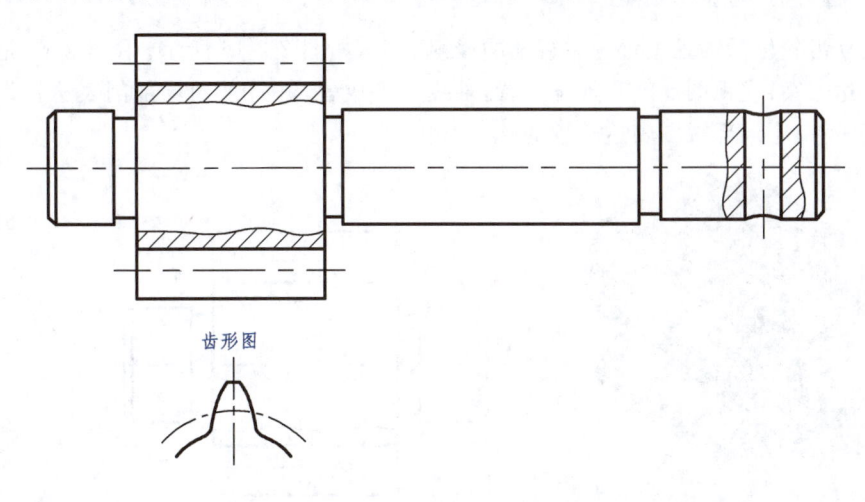

图 2-2-14　主动齿轮轴的表达方案

(3)主动齿轮轴的尺寸标注

如图 2-2-15 所示,主动齿轮轴以轴线为径向尺寸基准标注所有直径尺寸,轴向以齿轮部分的右端面为主要尺寸基准,以轴的左、右端面为辅助尺寸基准标注轴向尺寸。其他尺寸读者自行分析。

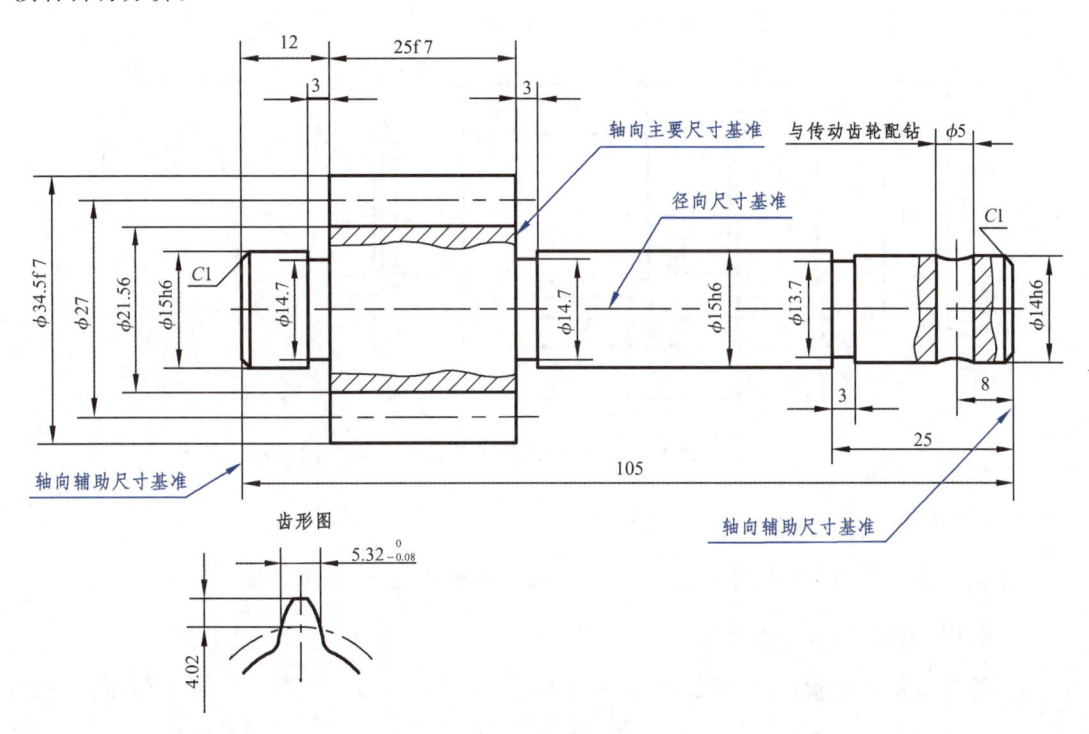

图 2-2-15　主动齿轮轴的尺寸标注

5. 从动齿轮轴的测绘

(1) 从动齿轮轴的结构分析

由图 2-2-16 可知，从动齿轮轴属于轴套类零件，其上有齿轮、越程槽等结构。

(2) 视图选择与表达方案

以从动齿轮轴的加工位置为主视图的投射方向，如图 2-2-16 所示。图 2-2-17 是从动齿轮轴的表达方案：主视图反映其加工位置，轴线水平放置，并且采用局部剖表达轮齿部分的结构，另外用一个局部视图表达轮齿的端面形状。

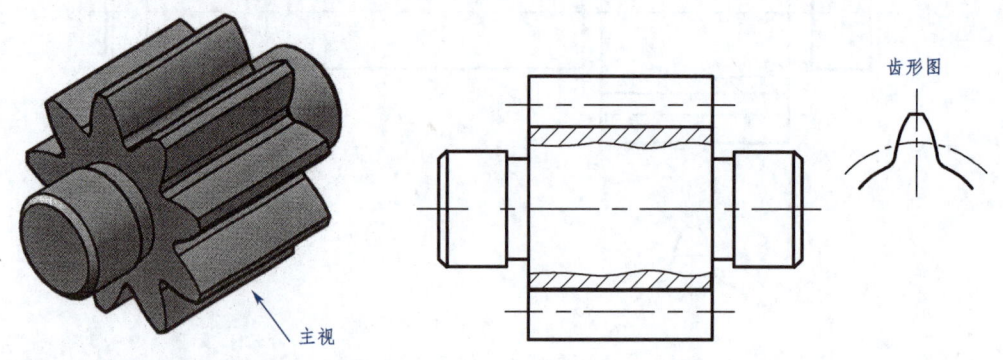

图 2-2-16 从动齿轮轴的结构及主视图方向的选择

图 2-2-17 从动齿轮轴的表达方案

(3) 从动齿轮轴的尺寸标注

如图 2-2-18 所示，从动齿轮轴以轴线为径向尺寸基准标注所有直径尺寸，以齿轮部分的左端面为轴向主要尺寸基准标注轴向尺寸。其他尺寸读者自行分析。

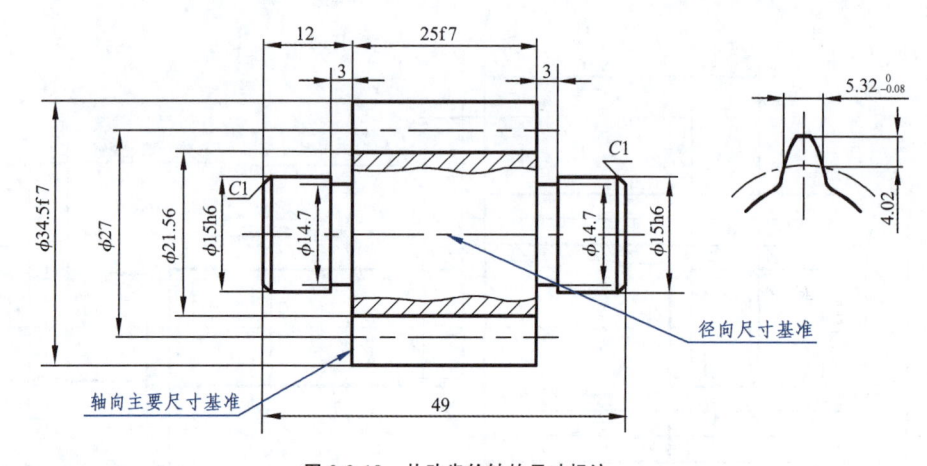

图 2-2-18 从动齿轮轴的尺寸标注

6. 螺塞的测绘

(1) 螺塞的结构分析

由图 2-2-19 可知，螺塞属于轴套类零件，其上有螺纹、退刀槽等结构。

(2) 视图选择与表达方案

以螺塞的加工位置作为主视图的投射方向，如图 2-2-19 所示。图 2-2-20 是螺塞的表达方案：主视图反映其加工位置，轴线水平放置，并且采用全剖视图表达其内部孔的结构，另外用一个左视图表达螺塞的端面形状。

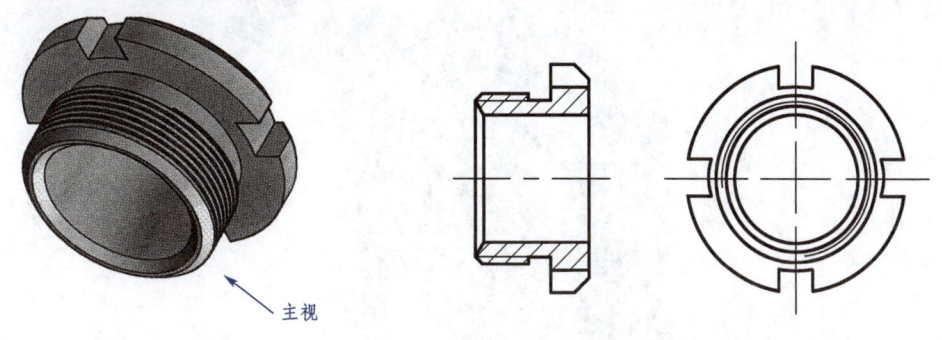

图 2-2-19　螺塞的结构及主视图方向的选择

图 2-2-20　螺塞的表达方案

(3) 螺塞的尺寸标注

如图 2-2-21 所示，螺塞以轴线为径向尺寸基准标注所有直径尺寸，以左端面为轴向尺寸基准标注轴向尺寸。其他尺寸读者自行分析。

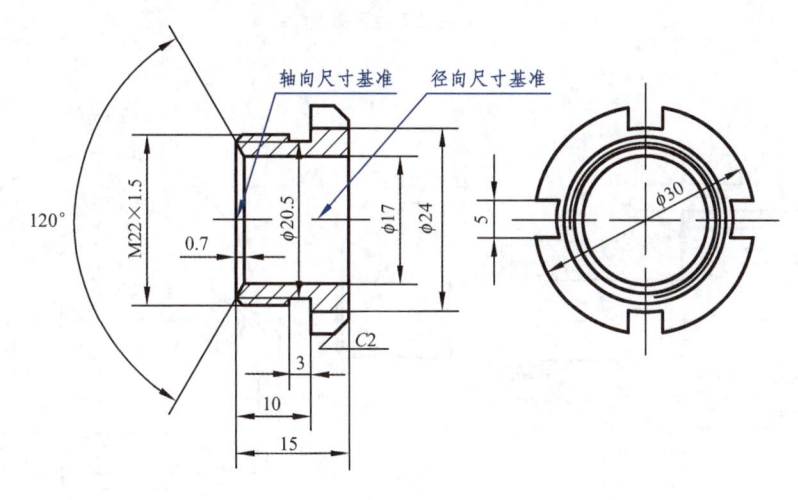

图 2-2-21　螺塞的尺寸标注

三、绘制齿轮油泵装配图

1. 齿轮油泵装配图的视图选择

以图 2-2-22 所示的方向为主视图的投射方向，符合其工作位置要求。如图 2-2-23 所示，假想以两个相交的剖切平面将齿轮油泵剖开，画出全剖的主视图，能够很好地表达出齿轮油泵的工作原理及各零件之间的连接与装配关系。

为了表达齿轮油泵的工作原理，左视图采用沿着接合面 $B-B$ 将油泵剖开，绘制半剖视图，并且采用局部剖表达进、出油口的结构和安装孔的结构。

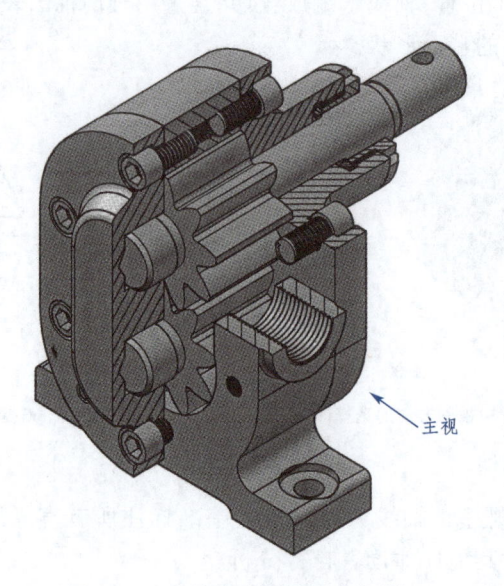

图 2-2-22　齿轮油泵主视图方向的选择

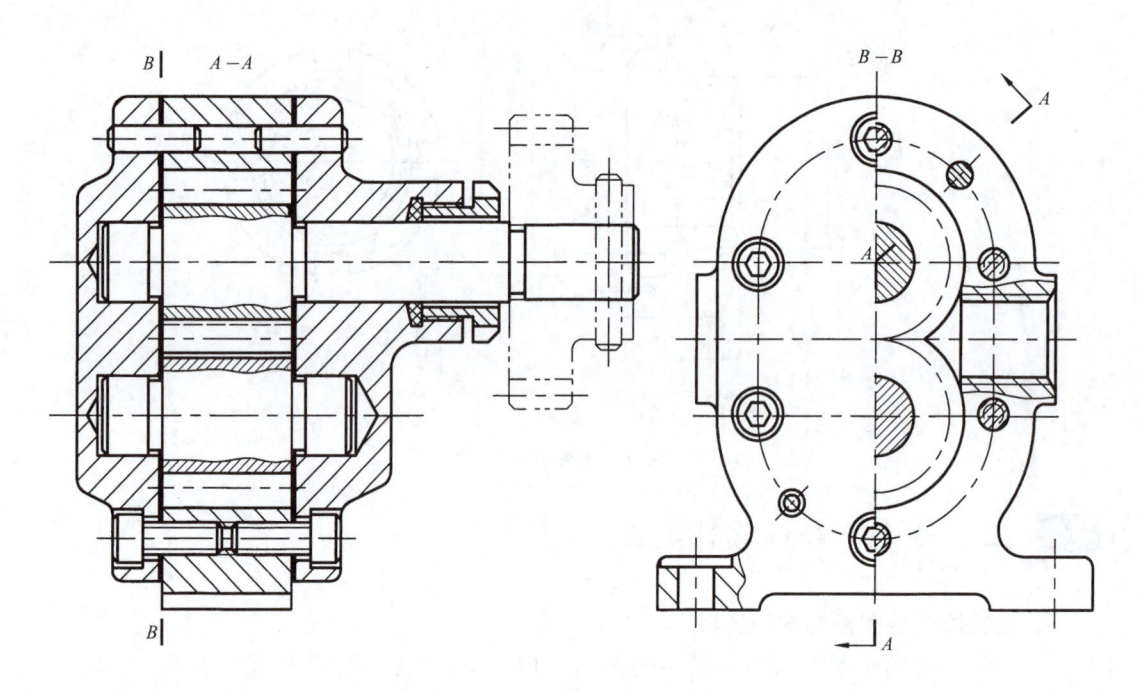

图 2-2-23　齿轮油泵的表达方案

2. 齿轮油泵装配图的画图步骤

(1)绘制各基本视图的中心线和作图基准线,如图 2-2-24 所示。

(2)绘制主、从动齿轮轴,如图 2-2-25 所示。

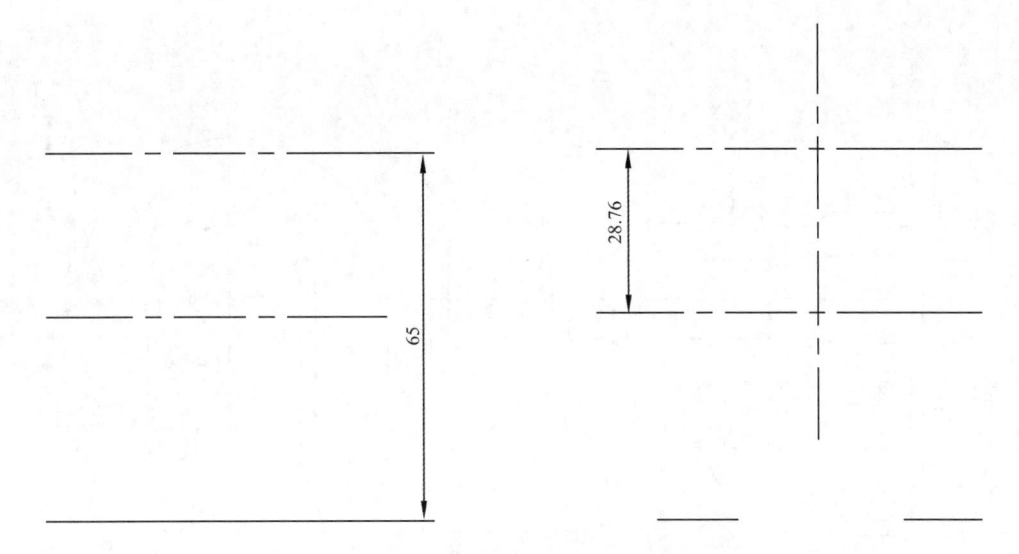

图 2-2-24 齿轮油泵装配图的画图步骤(1)

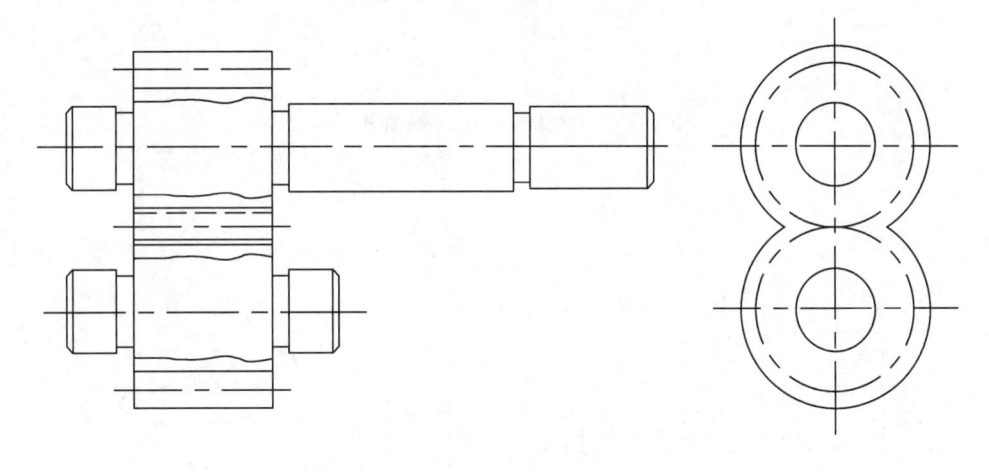

图 2-2-25 齿轮油泵装配图的画图步骤(2)

(3)绘制泵体、泵盖和垫片,如图 2-2-26 所示。

(4)绘制其他零件。

从主视图开始,按装配关系逐个画出螺塞、密封圈、螺钉、销等零件的视图,同时,画出每个零件的左视图,并画全各视图中的细节,如图 2-2-27 所示。

(5)注写尺寸及编写零件序号,检查核对后描深。

齿轮油泵中按照装配图的尺寸种类标注了装配尺寸 ϕ15H7/h6、ϕ34.5H8/f7,安装尺寸 70,总体尺寸 110、85、96,其他重要尺寸 65、50 及 G3/8 等。有关的极限与配合的选择说明如下:

齿轮油泵的齿轮轴与左右泵盖孔之间有配合要求,但齿轮油泵工作时要求齿轮轴转动要灵活,所以选择的是 ϕ15H7/h6 间隙配合,齿轮的齿顶与泵体孔之间有相对运动,应有间隙,但为了提高齿轮油泵的工作效率,间隙不能太大,所以选择的是 ϕ34.5H8/f7 间隙配合。

(6)填写标题栏和明细栏,注写技术要求,结果如图 2-2-28 所示。

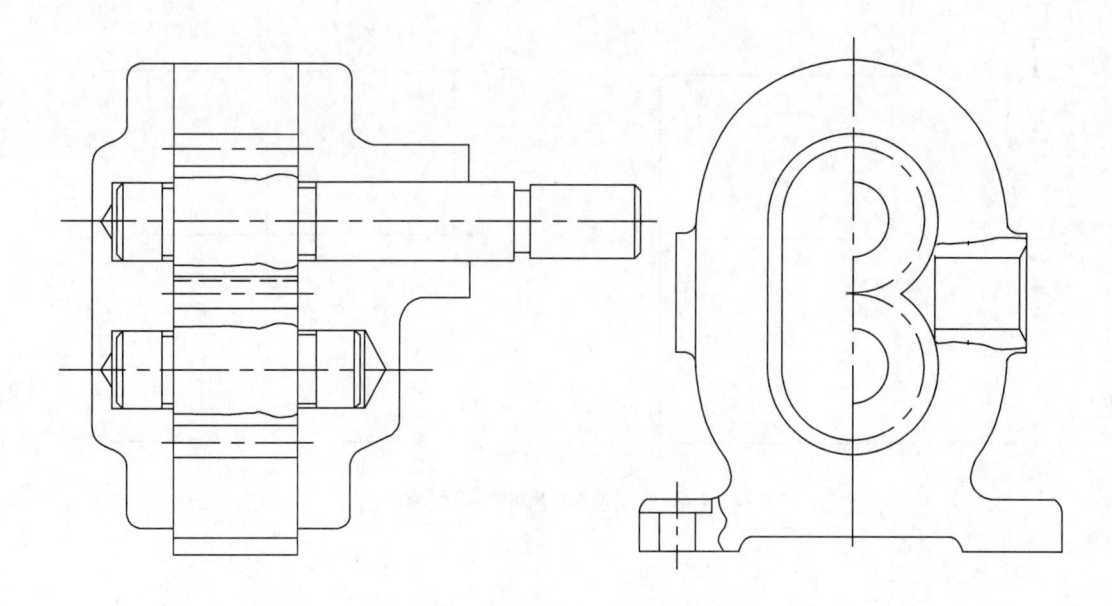

图 2-2-26　齿轮油泵装配图的画图步骤(3)

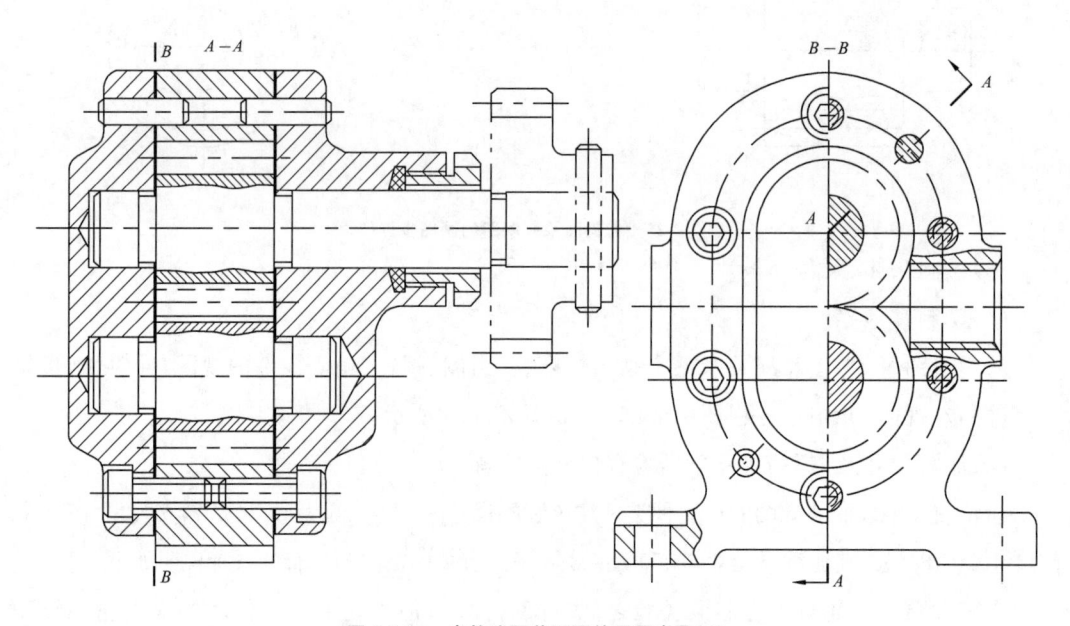

图 2-2-27　齿轮油泵装配图的画图步骤(4)

技能篇：任务2 齿轮油泵的测绘

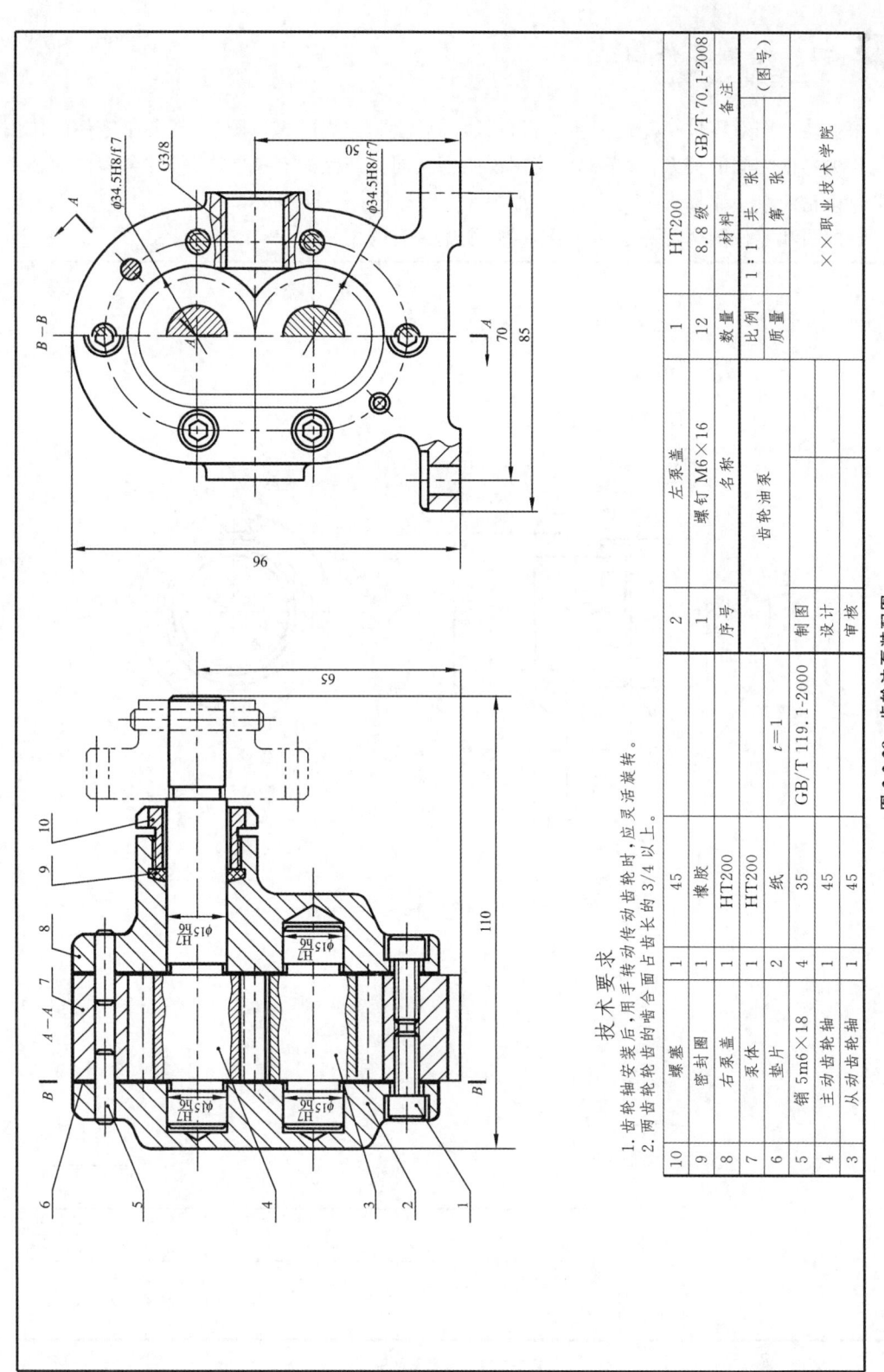

技术要求
1. 齿轮轴安装后，用手转动传动齿轮时，应灵活旋转。
2. 两齿轮轮齿的啮合面占齿长的 3/4 以上。

10	螺塞	1	45	
9	密封圈	1	橡胶	
8	左泵盖	1	HT200	
7	右泵体	1	HT200	
6	垫片	2	纸	
5	销 5m6×18	4	35	GB/T 119.1—2000
4	主动齿轮轴	1	45	
3	从动齿轮轴	1	45	
2	左泵盖	1	HT200	
1	螺钉 M6×16	12	8.8级	GB/T 70.1—2008
序号	名称	数量	材料	备注

齿轮油泵		比例	1:1	共 张 第 张	（图号）
		质量		××职业技术学院	
制图					
设计					
审核					

图 2-2-28 齿轮油泵装配图

四、绘制零件图

根据装配图对零件草图进一步进行校核,然后绘制正规的零件图,根据各个零件的作用及与相关零件之间的关系,参考部件使用说明书及同类产品的有关要求,标注各零件的技术要求。齿轮油泵中非标准件的零件图,如图 2-2-29～图 2-2-34 所示。

装配图和零件图全部完成后,将全部图纸做最后的校核。

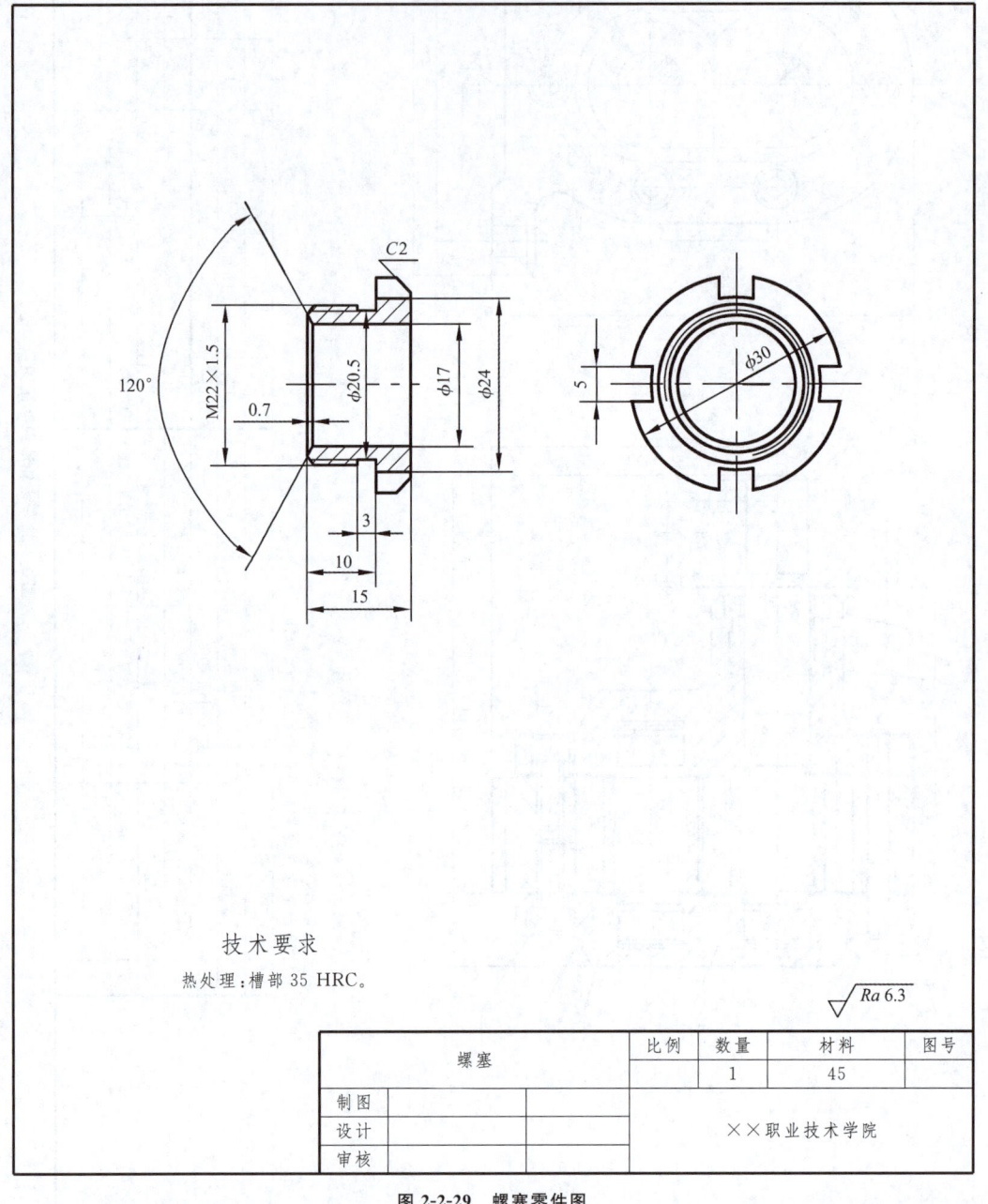

图 2-2-29 螺塞零件图

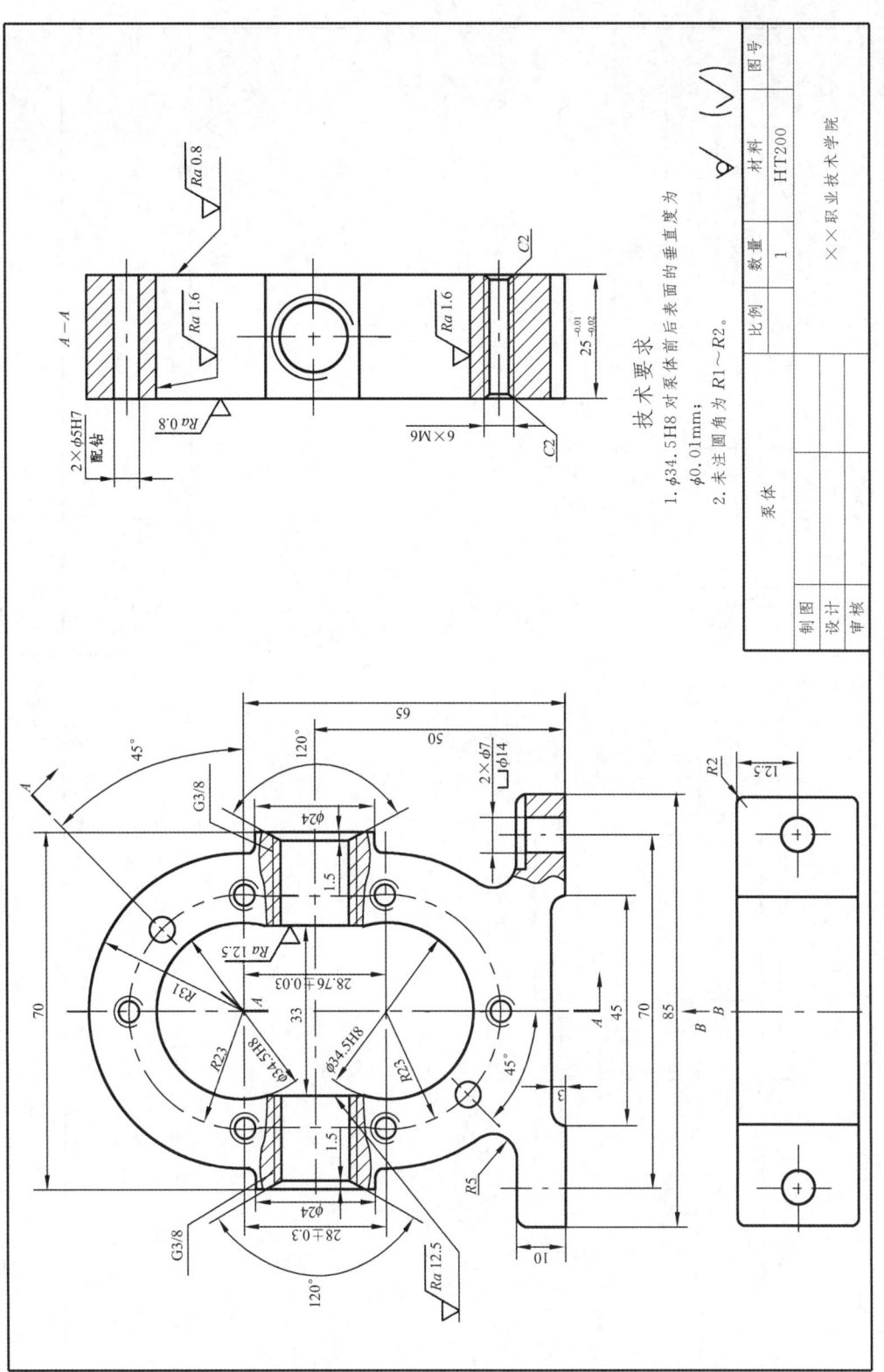

图 2-2-30 泵体零件图

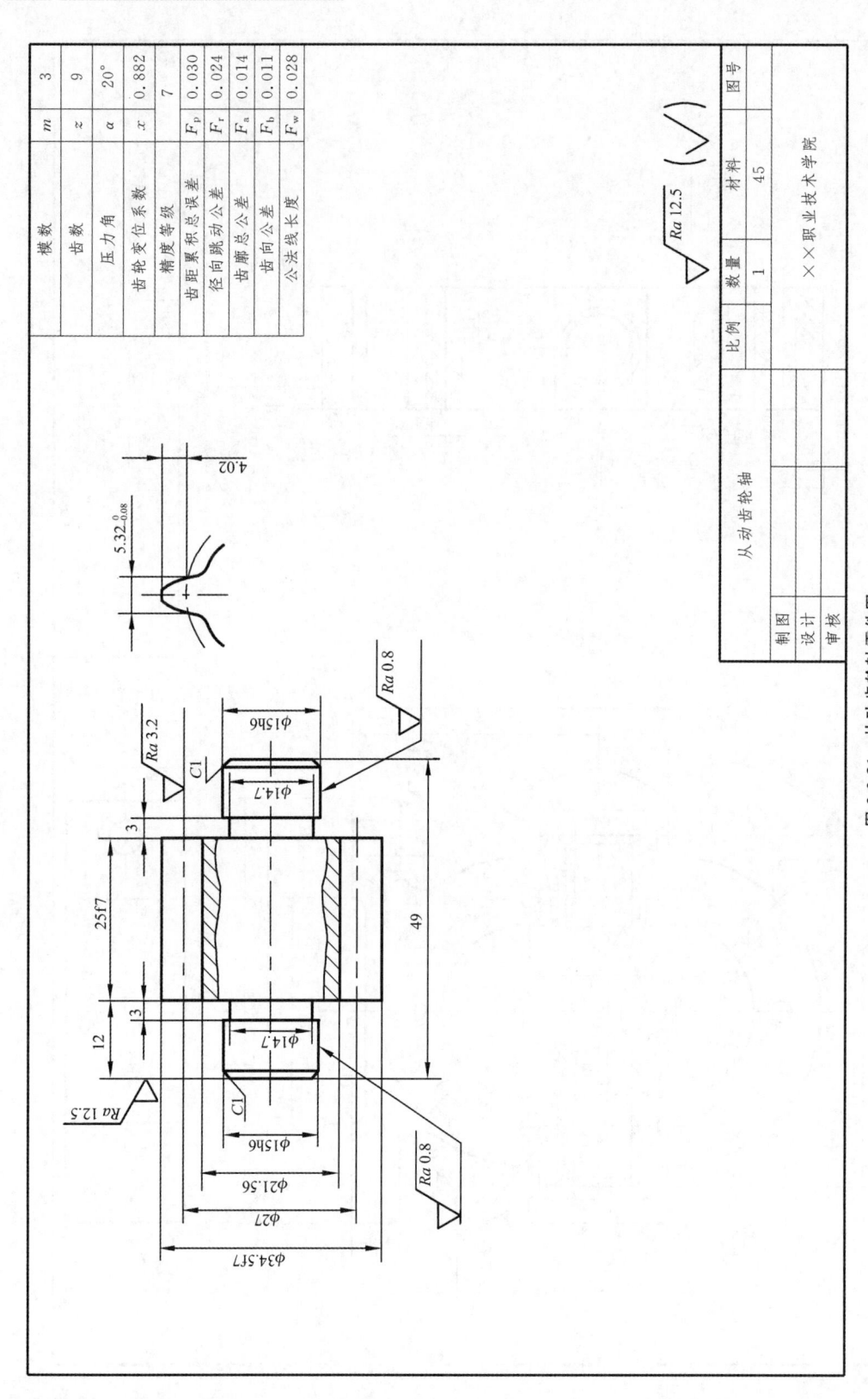

图 2-2-31 从动齿轮轴零件图

图 2-2-32 右泵盖零件图

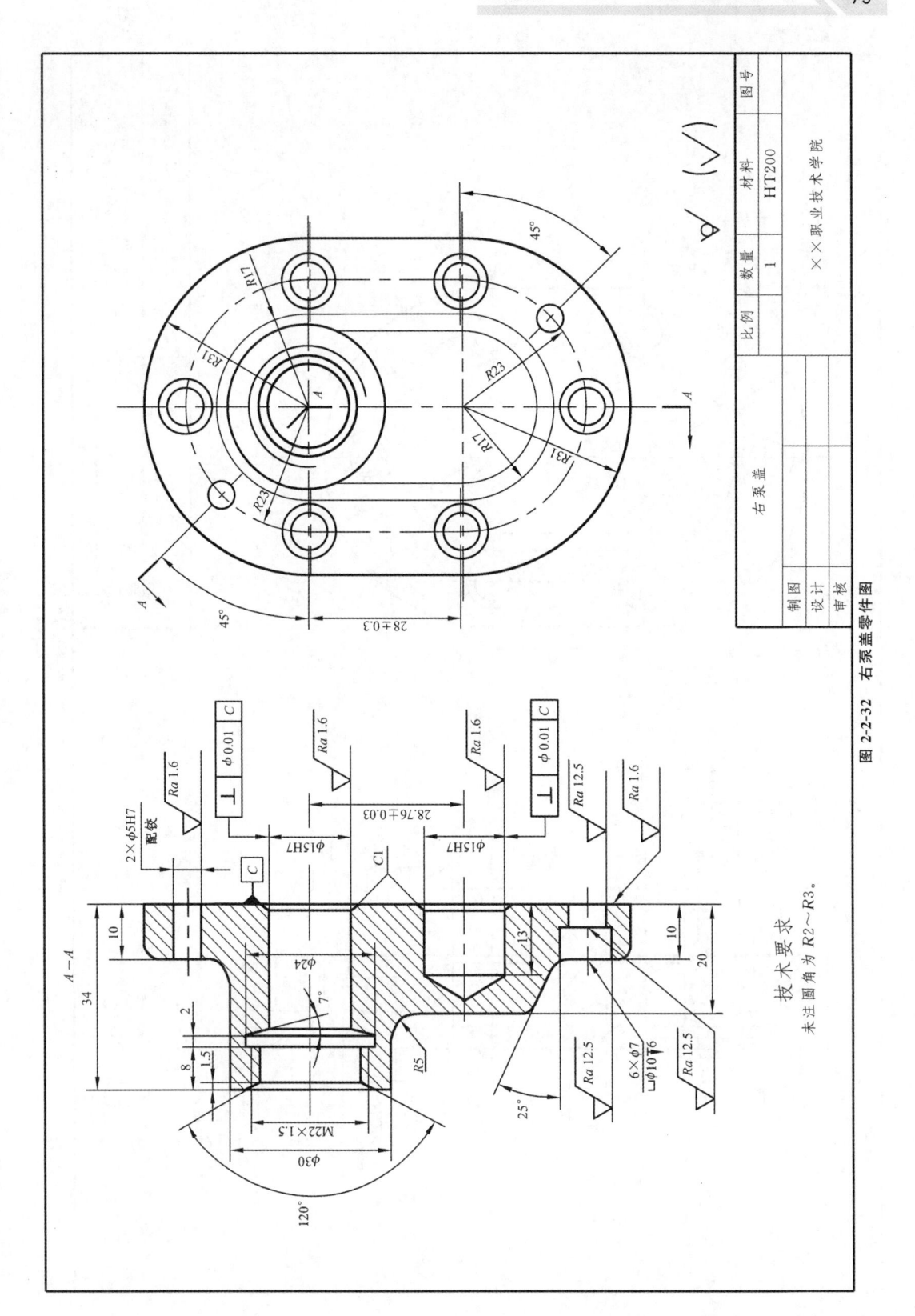

图 2-2-33 左泵盖零件图

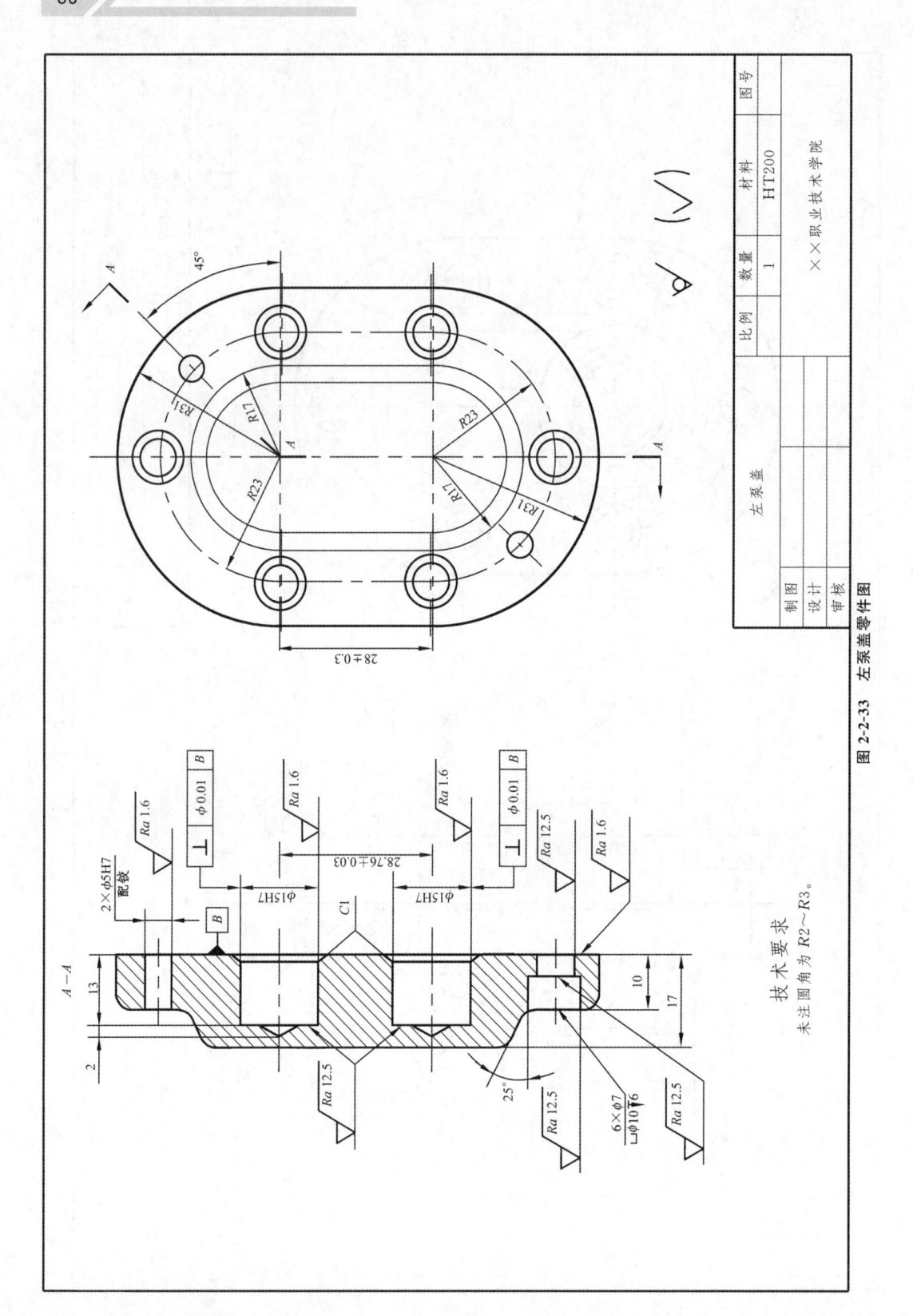

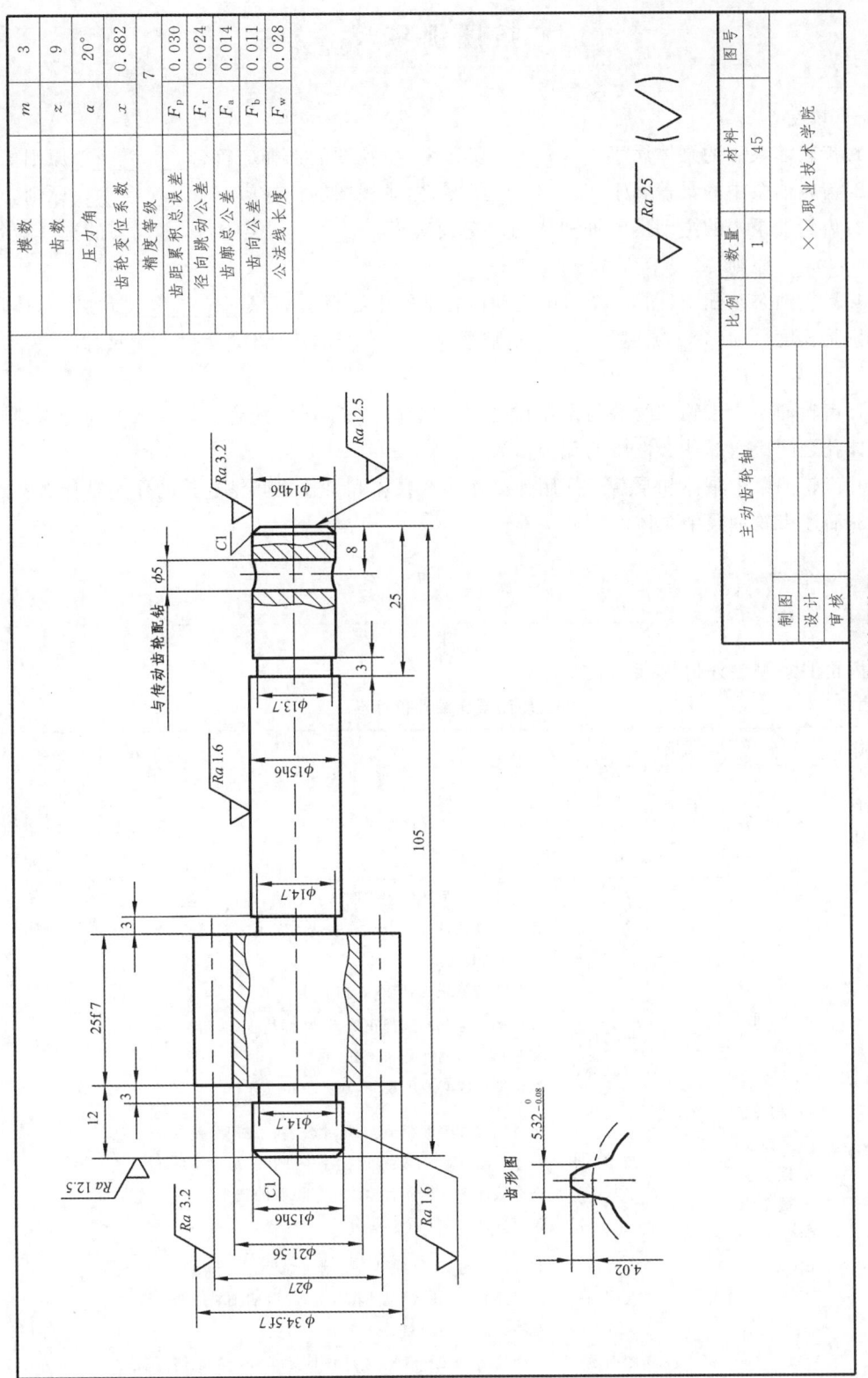

模数	m	3
齿数	z	9
压力角	α	20°
齿轮变位系数	x	0.882
精度等级		7
齿距累积总误差	F_p	0.030
径向跳动公差	F_r	0.024
齿廓总公差	F_a	0.014
齿向总公差	F_b	0.011
公法线长度	F_w	0.028

图 2-2-34 主动齿轮轴零件图

拓展训练

一、填空

1. 齿轮油泵中的泵体属于＿＿＿＿＿类零件，主视图的选择应符合＿＿＿＿＿＿原则。
2. 齿轮油泵中的泵盖属于＿＿＿＿＿类零件，主视图的选择应符合＿＿＿＿＿＿原则。
3. 齿轮油泵中的主动齿轮轴和从动齿轮轴属于＿＿＿＿＿类零件，主视图的选择应符合＿＿＿＿＿原则。
4. 齿轮油泵装配图（图2-2-28）中主动齿轮轴的中心高度65是＿＿＿＿＿尺寸，总体尺寸分别是长度＿＿＿＿、宽度＿＿＿＿、高度＿＿＿＿，$\phi15H7/h6$ 是＿＿＿＿＿尺寸。

二、简答

1. 齿轮油泵中齿轮轴两端与泵盖孔之间应选择什么性质的配合？为什么？齿轮齿顶圆与泵体孔之间应选择什么性质的配合？为什么？
2. 齿轮油泵中泵体和泵盖之间用什么连接？泵体和泵盖之间销连接的作用是什么？
3. 简述齿轮油泵中泵体的尺寸基准。

成果评价

齿轮油泵测绘评价标准见表2-2-2。

表2-2-2　　　　　　　　齿轮油泵测绘评价标准

姓名		组别			组长			
评价项目	考核内容	评价方法	评价标准		得分			
					自我评价	组内互评	教师评价	
专业能力 70%	遵守《机械制图》和《技术制图》相关的国家标准，掌握并运用械制图的基础知识(50%)	现场考核	图形表达(15%)	零件图和装配图的主视图选择正确，表达方案合理。主视图选择不合理或表达方案不完整，每出现一次扣3分。图形中线型正确，错一处扣1分				
			尺寸标注(15%)	零件图尺寸基准选择正确，尺寸标注正确、清晰、完整、合理，错一处扣1分。装配图标注必要的尺寸，缺一个扣1分				
			技术要求(10%)	零件图标注表面粗糙度、尺寸公差和几何公差等技术要求，缺一个或错误标注一处扣1分。零件图和装配图根据需要标注文字说明的技术要求，没有标注的缺一个扣1分				
			零件序号及明细栏(5%)	装配图要编写零件序号，绘制明细栏。没有编写零件序号或编写错误的扣3分；缺少明细栏或明细栏绘制错误的扣2分				
			图面质量(5%)	图面清洁，布图合理。对于图面质量较差的酌情扣分				

续表

姓名		组别			组长		
评价项目	考核内容	评价方法	评价标准		得分		
					自我评价	组内互评	教师评价
专业能力 70%	熟练使用绘图工具、仪器和量具等。积极参与，准确高效地进行测绘（20%）	现场考核	优秀（20%）	积极参与，准确高效地进行测绘。全勤			
			良好（15%）	比较积极参与，准确高效地进行测绘。全勤			
			中等（10%）	比较积极参与，比较准确地进行测绘。缺课1学时			
			合格（5%）	有限参与，在同学或老师的帮助下能够进行测绘。缺课1学时以上			
			不合格（0%）	未完成任务。缺课			
团队协作 10%	进行小组合作，完成测绘任务	现场考核	团队成员之间互相沟通、交流、协作，互帮互学，工作责任心强，具备良好的群体意识和社会责任				
职业素养 10%	按照"6S"标准要求，具有良好的工作习惯	现场考核	按照"6S"标准执行，具有良好的职业道德和吃苦耐劳的精神，安全操作，规范实施				
可持续发展 10%	自主学习和探索研究能力	任务单或线上考核	对老师布置的课前预习与资料查询和课后拓展训练的达成度				

任务3 转子油泵的测绘

学习目标 >>>

● 通过查阅资料，了解转子油泵的用途；分析其拆卸顺序并能够拆装部件，了解其组成、工作原理及各零件之间的连接与装配关系；掌握装配示意图的绘制方法，绘制转子油泵的装配示意图。

● 能够区分转子油泵中的标准件和非标准件，确定标准件的规定标记；分析非标准件的结构特点和零件类别，确定表达方案，绘制零件图；根据零件的结构特点及在装配体中的作用确定零件尺寸基准，按照零件图尺寸标注要求及形体分析法标注尺寸，掌握转子油泵的测绘方法。

● 确定转子油泵的表达方案，绘制其装配图。要求部件的工作原理及零件之间的连接装配关系表达清楚，进行必要的尺寸标注；根据零件之间的配合性质，参考同类产品的图纸标注配合尺寸及其他技术要求。

● 根据装配图对零件草图进一步进行校核，调整零件不合理的结构和尺寸，绘制正规的零件图。能够根据装配图中配合尺寸确定零件的尺寸公差并且加以标注，标注零件表面粗糙度和几何公差等技术要求。

问题引导 >>>

1. 转子油泵的用途是什么？其工作原理是什么？
2. 转子油泵的拆卸顺序是什么？
3. 转子油泵有几种标准件？它们的标记是什么？

素养提升 >>>

"6S"管理之"清扫"和"清洁"：在零部件测绘过程中，要做好"清扫"和"清洁"工作。"清扫"就是使工作场所没有垃圾、脏污，设备没有灰尘、油污，也就是将整理、整顿过要用的东西时常予以清扫，保持随时能用的状态。"清洁"就是将整理、整顿、清扫后的清洁状态予以维持，现场保持整洁，私人物品定位放置整齐，卫生打扫每日落实，清扫工具定置摆放整齐。

一、了解转子油泵的用途，拆卸部件，绘制装配示意图

1. 了解测绘对象

通过观察实物，参考有关图纸和说明书，了解部件的用途、性能、工作原理、装配关系和结构特点等。

转子油泵的外形结构及其和机体的连接如图 2-3-1 所示。转子油泵是用于柴油机润滑系统中的机油泵，与其他油泵相比较，具有结构紧凑、传动平稳、体积小、噪声小等特点。

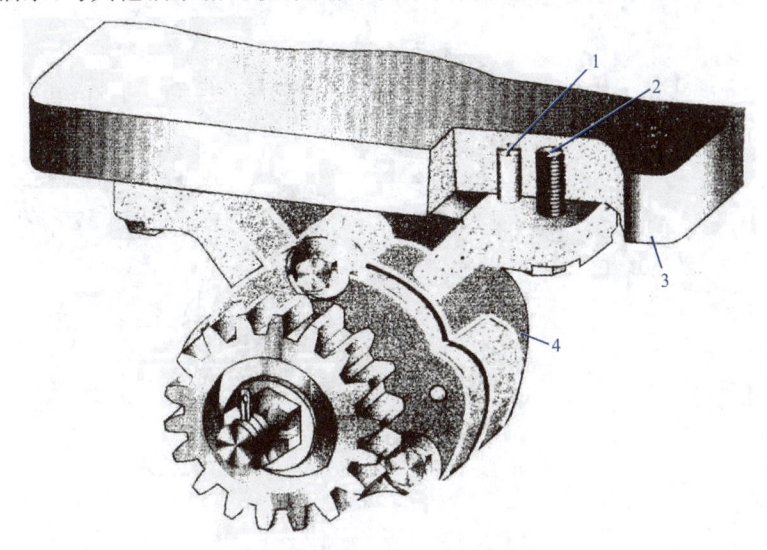

图 2-3-1 转子油泵的外形结构及其和机体的连接
1—圆柱销；2—螺栓；3—机体；4—转子油泵

从图 2-3-2 可看出：转子油泵由十六种零件所组成，其中有八种标准件、八种非标准件。泵体内腔底壁上有两个月牙形油槽，为转子油泵的配油盘的结构，分别与进、出油孔相通。泵体内腔装有外转子以及与之相配合的内转子，内转子用弹性圆柱销固定在转子泵轴上。泵轴分别支承在泵体和泵盖的衬套里。泵盖与泵体用三个螺栓连接，分别加弹簧垫圈防松，为了保证泵盖和泵体的对中，用两个圆柱销定位。传动齿轮通过平键与泵轴连接，泵轴左端的开槽螺母、垫圈和开口销是给传动齿轮进行轴向固定的。

转子油泵的工作原理如图 2-3-3 所示，主动的内转子有四个凸齿，从动的外转子有五个内齿。当传动齿轮通过平键、泵轴带动内转子绕其轴线沿顺时针方向旋转时，依靠内、外转子的啮合，外转子绕自身的轴线做同方向旋转。

由转子油泵的结构可知，在内转子、外转子、泵体和泵盖之间形成几个独立的密闭容积腔，由于内、外转子是偏心的（偏心距为 e），所以在转子转动的过程中，每个密闭容积腔的体积都是不断发生变化的。现以内转子 1、2 两齿与外转子凹腔 A 之间的密闭容积腔（图2-3-3（a）中阴影部分）来说明其工作过程：当内、外转子顺时针转动时，从图 2-3-3（a）所示位置转到图 2-3-3（b）所示位置，再转到图 2-3-3（c）所示位置，这个密闭容积腔逐渐变大，产生局部真空，液压油从进油孔通过右边的月牙形油槽吸入；继续转动时，从图 2-3-3（c）所示位置转到图 2-3-3（d）所示位置，再转到图 2-3-3（e）所示位置，密闭容积腔体积由大逐渐变小，压力增

大,液压油通过左边的月牙形油槽压向出油孔,输往各润滑点。由于其他各密闭容积腔在旋转时均产生上述过程,因此,转子油泵能连续不断地输出液压油。

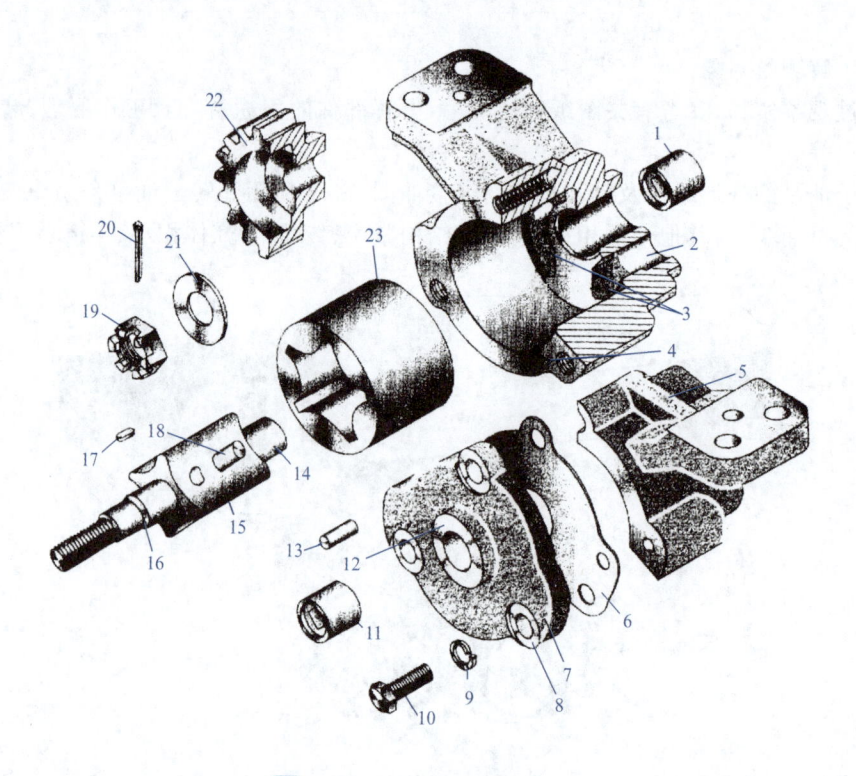

图 2-3-2　转子油泵的组成

1、11—衬套;2—进油孔;3—月牙形油槽;4—泵体;5—加强肋;6—垫片;7—泵盖;8—螺栓孔;9—弹簧垫圈;
10—螺栓;12—凸缘;13、18—圆柱销;14—泵轴;15—内转子;16—退刀槽;17—平键;
19—开槽螺母;20—开口销;21—垫圈;22—传动齿轮;23—外转子

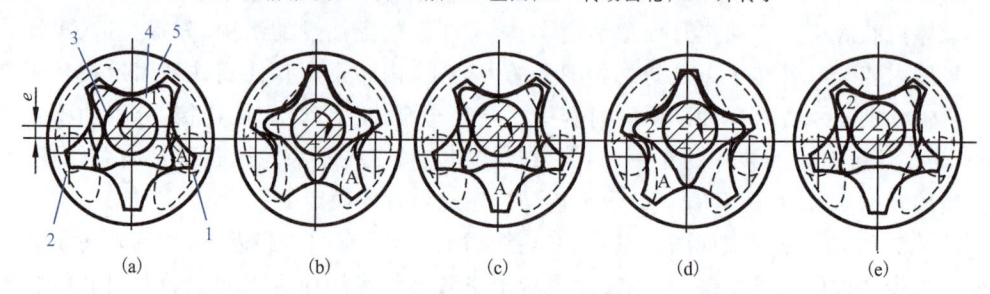

图 2-3-3　转子油泵的工作原理

1—进油口;2—出油孔;3—泵轴;4—内转子;5—外转子

2. 拆卸部件和画装配示意图

在分析零件的装配关系时,要特别注意零件的配合性质。转子油泵的衬套与泵体、泵盖的配合,不应该有相对运动,所以是过盈配合。泵轴与衬套的配合,应该有相对运动(泵轴轴颈在衬套孔内旋转),所以是间隙配合。外转子在泵体内旋转,所以外转子与泵体也是间隙配合。转子油泵的装配示意图如图 2-3-4 所示。

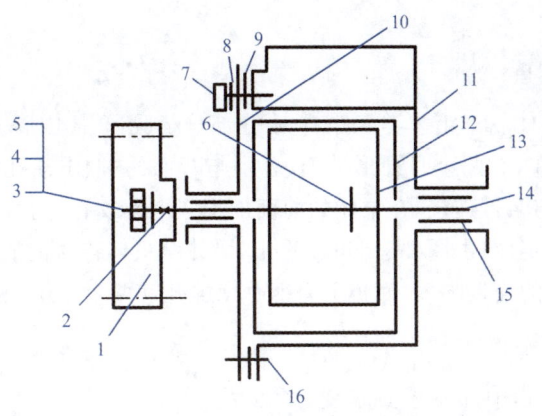

图 2-3-4　转子油泵的装配

1—传动齿轮；2—平键；3—开口销；4—垫圈；5—开槽螺母；6、16—圆柱销；7—螺栓；8—弹簧垫圈；9—垫片；10—泵盖；11—泵体；12—外转子；13—内转子；14—泵轴；15—衬套

二、绘制转子油泵非标准件的零件草图

各种型号转子油泵的内、外转子的尺寸系列可查阅有关资料，本例所用的型号是1435，其数据见表 2-3-1。

表 2-3-1　　本例所用的内、外转子的尺寸及有关资料

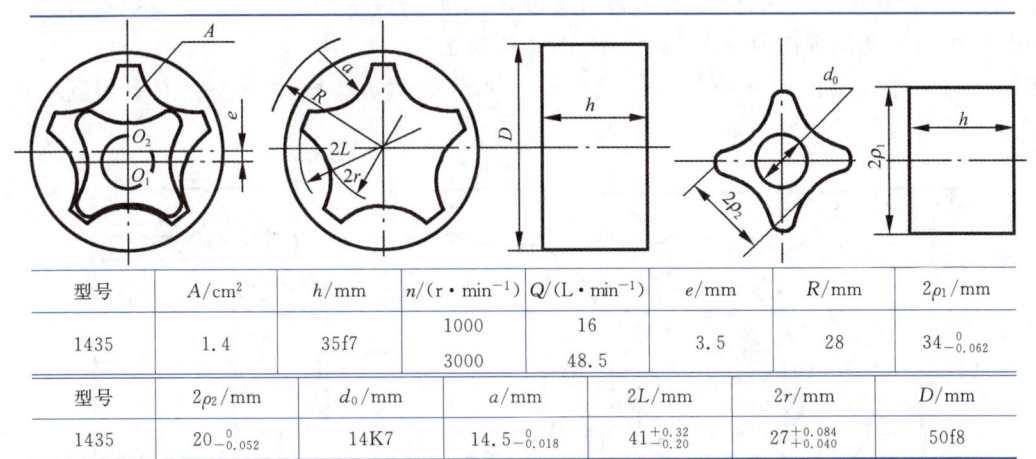

型号	A/cm^2	h/mm	$n/(\text{r}\cdot\text{min}^{-1})$	$Q/(\text{L}\cdot\text{min}^{-1})$	e/mm	R/mm	$2\rho_1/\text{mm}$
1435	1.4	35f7	1000 3000	16 48.5	3.5	28	$34_{-0.062}^{\ 0}$

型号	$2\rho_2/\text{mm}$	d_0/mm	a/mm	$2L/\text{mm}$	$2r/\text{mm}$	D/mm
1435	$20_{-0.052}^{\ 0}$	14K7	$14.5_{-0.018}^{\ 0}$	$41_{-0.20}^{+0.32}$	$27_{+0.040}^{+0.084}$	50f8

对转子油泵中的标准件（如螺栓、螺母、垫圈、键、销等）不必画零件草图，测得几个主要尺寸，从相应的标准件表中查出规定标记即可。转子油泵中标准件的名称、数量和规定标记见表 2-3-2。

表 2-3-2　　转子油泵中的标准件

名　称	数量	规定标记	名　称	数量	规定标记
螺栓	3	螺栓 GB/T 5782—2016 M8×25	开口销	1	销 GB/T 91—2000 2×10
弹簧垫圈	3	垫圈 GB/T 93—1987 8	平键	1	GB/T 1096—2003 键 4×4×10
开槽螺母	1	螺母 GB/T 6178—1986 M10	圆柱销	2	销 GB/T 879.2—2018 5m6×20
垫圈	1	垫圈 GB/T 97.1—2002 10	圆柱销	2	销 GB/T 119.1—2000 5m6×18

1. 泵体的测绘

(1) 泵体的结构分析

由图 2-3-5 可知，泵体属于箱体类零件，它由三部分组成：泵体内腔安放内、外转子，是主体工作部分，内腔底壁有左、右两个月牙形油槽，分别与背面的进、出油孔相通；泵体与泵盖共同形成密闭容积腔，为了与泵盖连接，在泵体的前面加工三个螺纹孔，同时有两个销孔，以便在泵体与泵盖安装时用销先定位；由图 2-3-1 可以看出，泵体与机体连接的底板是安装部分，用加强肋增加泵体与底板之间的连接强度，底板上有四个螺栓孔和两个定位销孔供安装使用。

(2) 视图选择与表达方案

由于泵体在制造过程中加工位置多变，所以用它的工作位置（底板向上与机体连接时的位置）作为主视图的方向，如图 2-3-5 所示，这样选择同时也显示了主体和底板的结构形状特征。左视图采用全剖视图，剖切平面经过零件左右对称平面，以反映泵体内部形状。俯视图表达底板的外形及底板上各个孔的形状和位置，同时反映加强肋的前后位置。月牙形油槽和进、出油孔的结构，在主视图上只能反映它们的轮廓形状，油槽和油孔的深度以及它们的连接情况，主、俯、左三个视图都不能表达清楚，所以用通过泵体衬套孔轴线的局部剖视图 *A—A* 表示。此外用 *B* 局部视图表达泵体后端面的外形轮廓以及螺纹孔的分布位置。泵体的表达方案如图 2-3-6 所示。

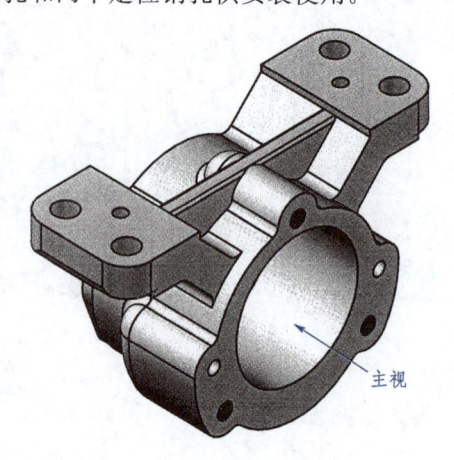

图 2-3-5 泵体结构及主视图方向的选择

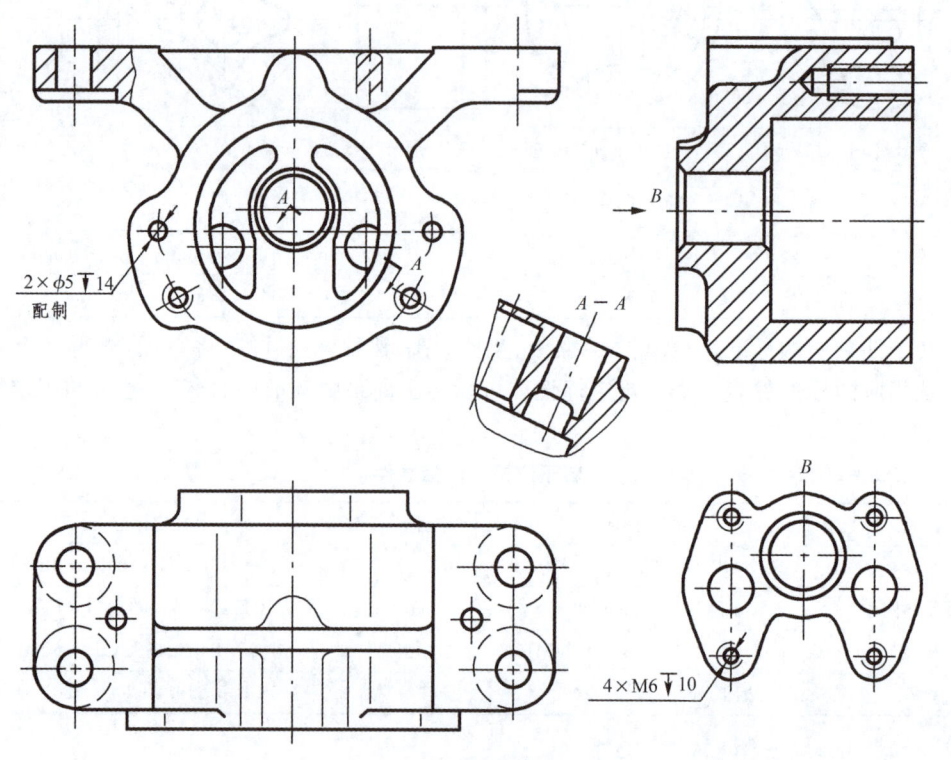

图 2-3-6 泵体的表达方案

(3)泵体的尺寸标注

如图 2-3-7 所示,偏心距为 3.5,泵体内腔与外转子配合部分的直径 $\phi50$、深度 35 等是满足工作性能要求的重要尺寸,应直接注出。考虑到转子油泵安装在机体上的定位,高度方向尺寸 43.5、长度方向的螺栓孔中心距 110 以及底板宽度方向的中心线与泵体前端面之间的距离 27.5,也应直接注出。

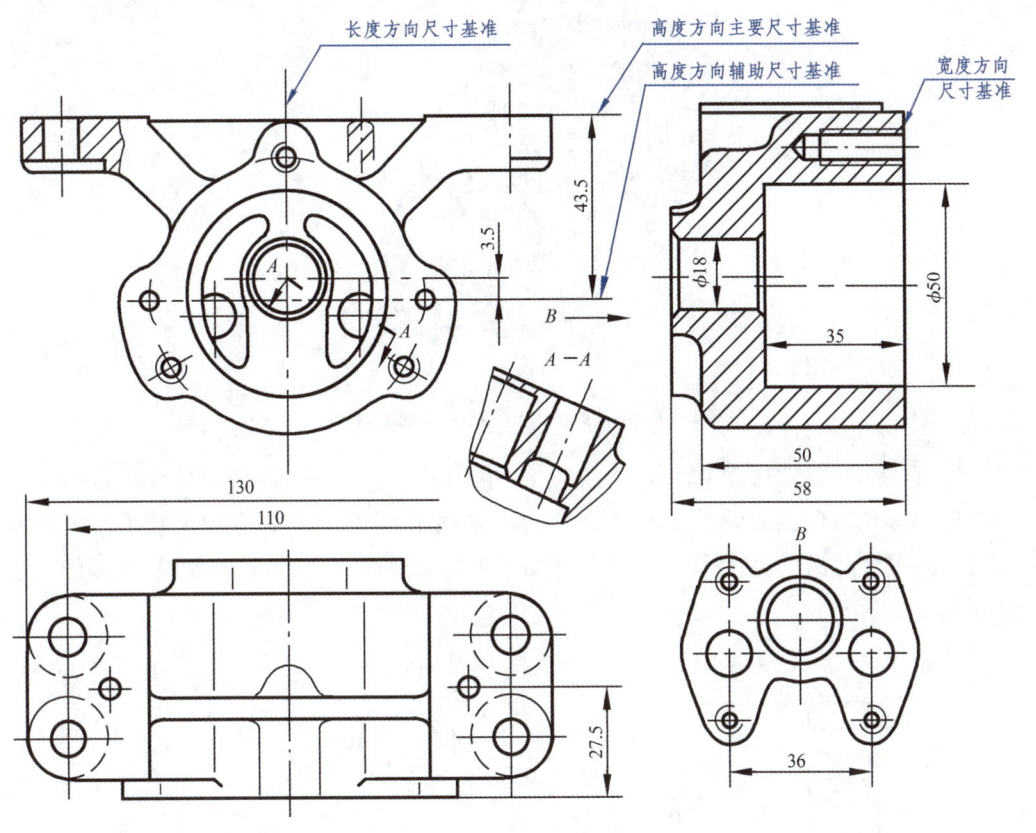

图 2-3-7 泵体的尺寸标注

泵体主要加工情况大致如下:先加工底板的支承面(主视图上最上面的平面),把该支承面作为定位基准,以高度尺寸 43.5 定出内腔 $\phi50$ 的轴线;再加工泵体的前端面(左视图中最右侧的平面)和内腔 $\phi50$。按此加工顺序,高度方向应以底板支承面为主要尺寸基准,通过内腔轴线的水平面为辅助尺寸基准,加工完 $\phi50$ 的内腔后,再向上偏移 3.5,确定衬套孔的轴线位置;宽度方向应以最先加工的前端面为尺寸基准,注出各部分定形尺寸,如 35、50、58 等;长度方向以左右对称平面为尺寸基准,标出定形尺寸 130、定位尺寸 110 和 B 局部视图上的尺寸 36 等。图中内腔孔和衬套孔的轴线是泵体的径向尺寸基准。其余尺寸读者自行分析。

2.泵盖的测绘

(1)结构分析

由图 2-3-8 可知,泵盖属于轮盘类零件。泵盖与泵体接触面的外形轮廓相同,泵盖上有沿圆周均匀分布的三个螺栓孔，螺栓孔处的凹坑是装弹簧垫圈和螺栓时的支承面。为了增加泵盖中间的衬套孔配合部分的长度，设置一个凸缘，凸缘中心与泵盖外形轮廓中心之间是上、下偏心的。为了保证装配时泵盖与泵体对中，在泵体与泵盖上配钻两个定位销孔。考虑铸造方便，将销孔和螺栓孔的凸出部分连成一体。

图 2-3-8　泵盖的结构及主视图方向的选择

（2）视图选择与表达方案

如图 2-3-8 所示的方向为主视图的投射方向，轴线呈水平位置，符合加工和工作位置的要求，主视图用全剖视图，左视图表示泵盖端面外形轮廓及螺栓孔、销孔的位置，泵盖的表达方案如图 2-3-9 所示。

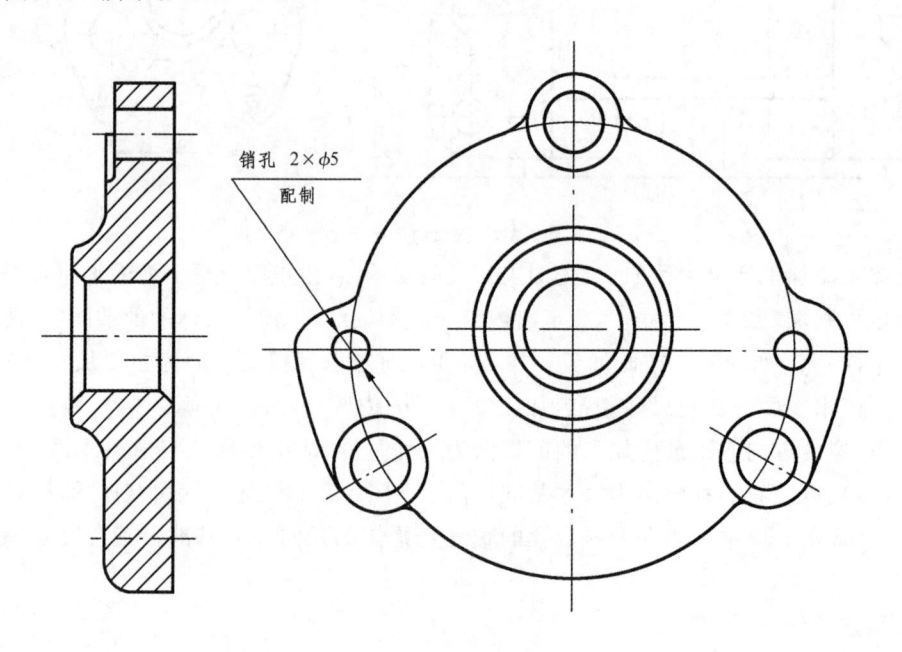

图 2-3-9　泵盖的表达方案

(3)尺寸标注

如图 2-3-10 所示,泵盖轴孔中心 O_1 和泵盖外形轮廓中心 O_2 的偏心距 3.5 是重要尺寸,应直接注出。泵盖在车床上加工的情况,如图 2-3-10 主视图所示,先用夹具(图中以细双点画线示意)将泵盖上 $\phi68$(其中心为 O_2)的外圆柱面夹紧,加工泵盖右侧的大端面,再由 O_2 向上偏移 3.5 确定 O_1,加工衬套孔 $\phi18$。因此,通过泵盖外形轮廓中心 O_2 的水平面是高度方向主要尺寸基准,而通过衬套孔中心 O_1 的水平面是高度方向辅助尺寸基准;泵盖前后对称面是宽度方向尺寸基准;而 $\phi68$ 的轴线 O_2、$\phi18$ 的轴线 O_1 分别是泵盖的尺寸 $\phi68$、轴孔尺寸 $\phi18$ 的径向基准。长度方向尺寸基准是泵盖右侧的大端面。其余尺寸读者自行分析。

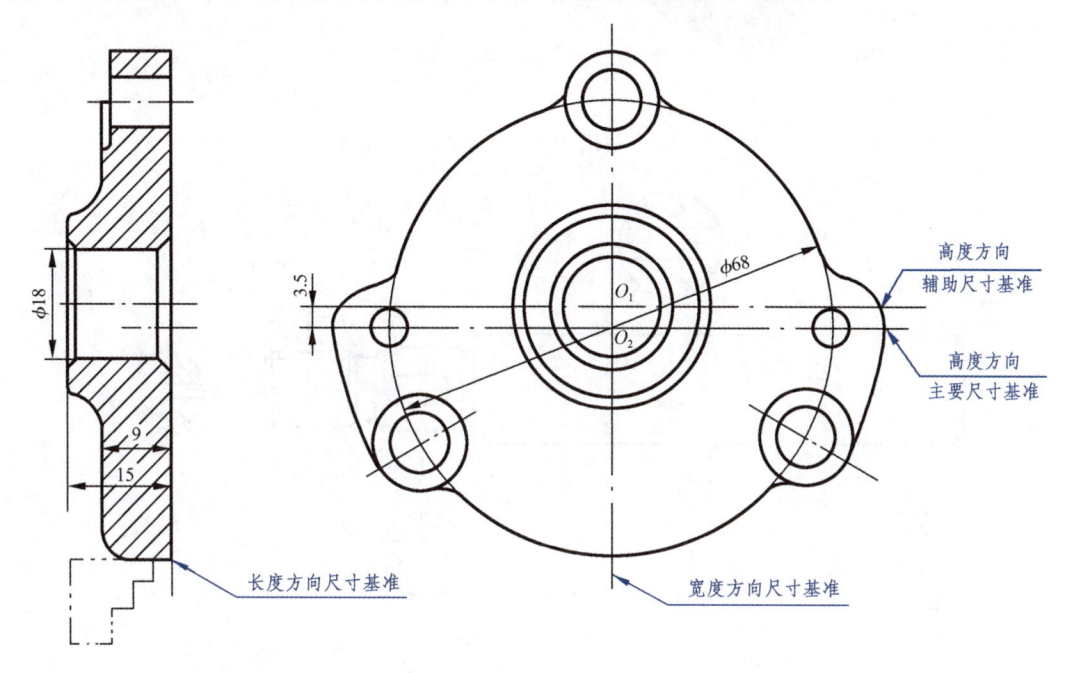

图 2-3-10 泵盖的尺寸标注

3. 泵轴的测绘

(1)结构分析

由图 2-3-11 可知,泵轴主要用来支承内转子和传动齿轮,属于典型的轴套类零件,其上有圆柱孔、键槽、螺纹、退刀槽等结构。

(2)视图选择与表达方案

如图 2-3-11 所示的方向为主视图方向,轴线水平放置,符合加工位置要求,主视图用局部剖表达竖销孔的结构,采用移出断面图表达键槽及两个水平方向销孔的结构,采用两个局部放大图表达较小部分的结构,泵轴的表达方案如图 2-3-12 所示。

(3)尺寸标注

如图 2-3-13 所示,对于轴套类零件,主要有径向尺寸和轴向尺寸,径向尺寸以轴线为基

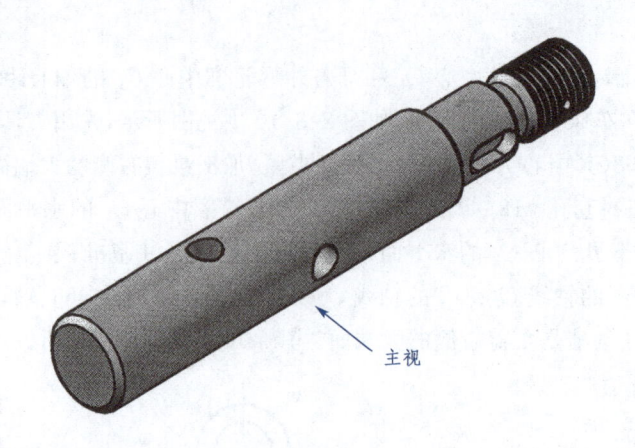

图 2-3-11 泵轴的结构及主视图方向的选择

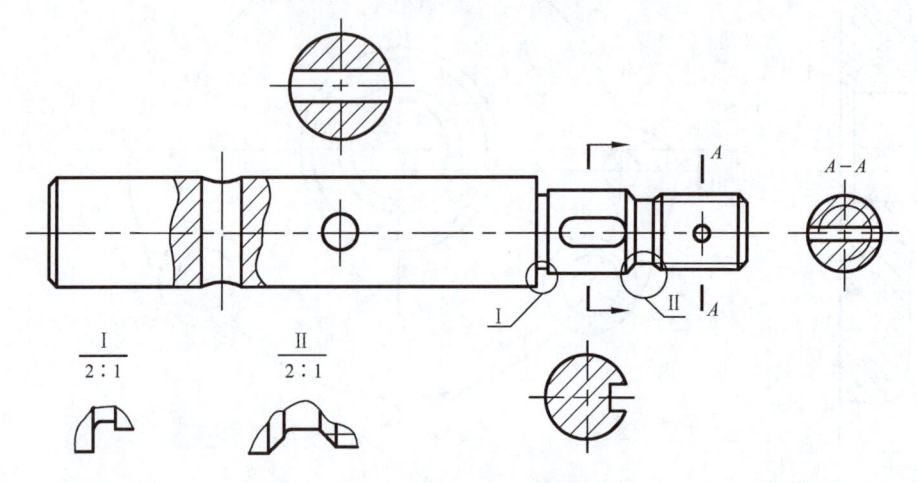

图 2-3-12 泵轴的表达方案

准,而根据泵轴在转子油泵中的作用和位置,选择 φ14 轴段的右端面为轴向主要尺寸基准,轴向尺寸 26.5、13、28 都是重要尺寸,应该从轴向主要尺寸基准出发直接注出。其他尺寸读者自行分析。

4.传动齿轮的测绘

(1)结构分析

由图 2-3-14 可知,传动齿轮属于轮盘类零件,其上有键槽结构。

(2)视图选择与表达方案

选择图 2-3-14 所示的方向为主视图的投射方向,轴线呈水平位置,符合加工位置要求,主视图用全剖视图表达其内部孔的结构,采用局部视图表达键槽的结构,传动齿轮的表达方案如图 2-3-15 所示。

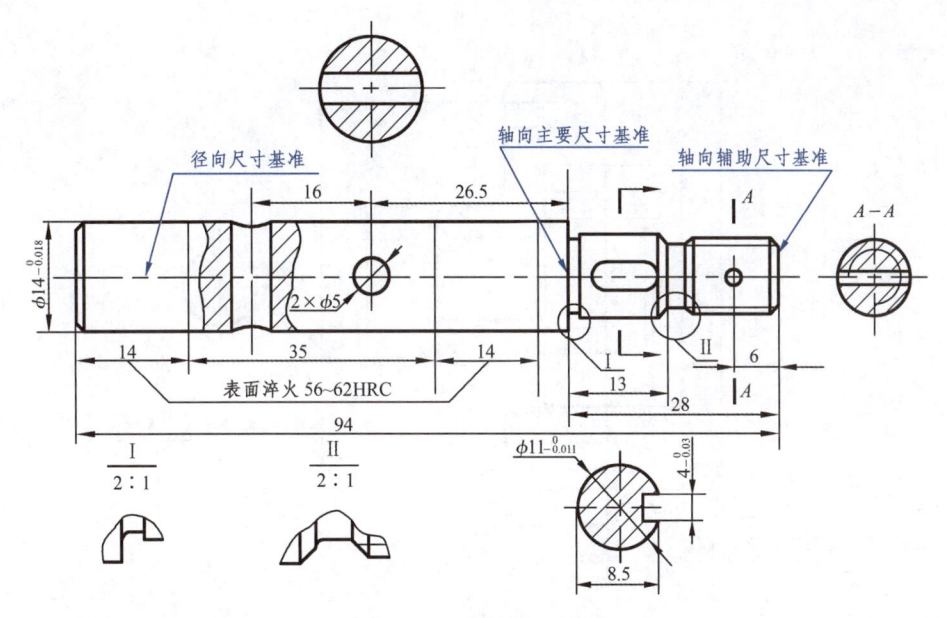

图 2-3-13 泵轴的尺寸标注

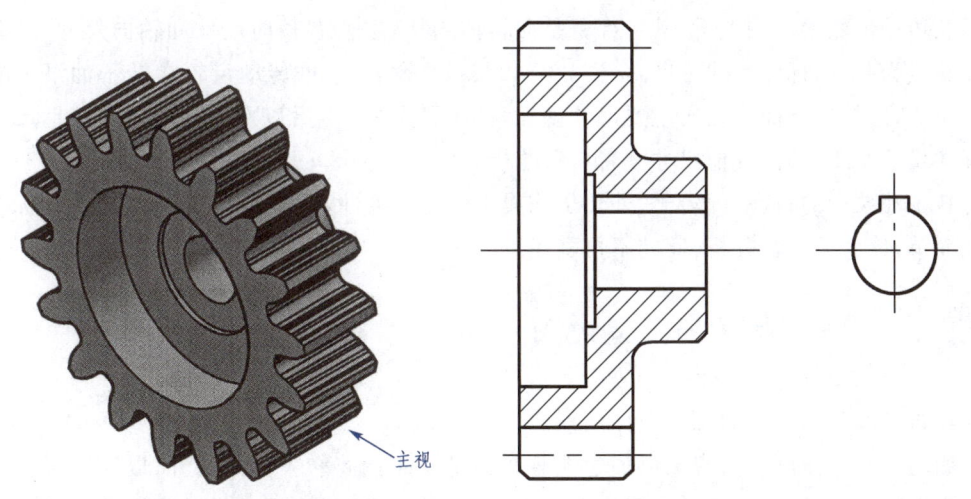

图 2-3-14 传动齿轮的结构及主视图方向的选择

图 2-3-15 传动齿轮的表达方案

(3) 传动齿轮参数的确定及尺寸标注

传动齿轮的尺寸标注如图 2-3-16 所示,数出传动齿轮的齿数 $z=18$,偶数个齿可以直接测量出齿顶圆的直径 $d'_a=60.2$ mm,则

$m'=d'_a/(z+2)=60.2/(18+2)=3.01$ mm,查表确定 m=3 mm

$d=mz=3\times18=54$ mm

$d_f=m(z-2.5)=3\times(18-2.5)=46.5$ mm

$d_a=m(z+2)=3\times(18+2)=60$ mm

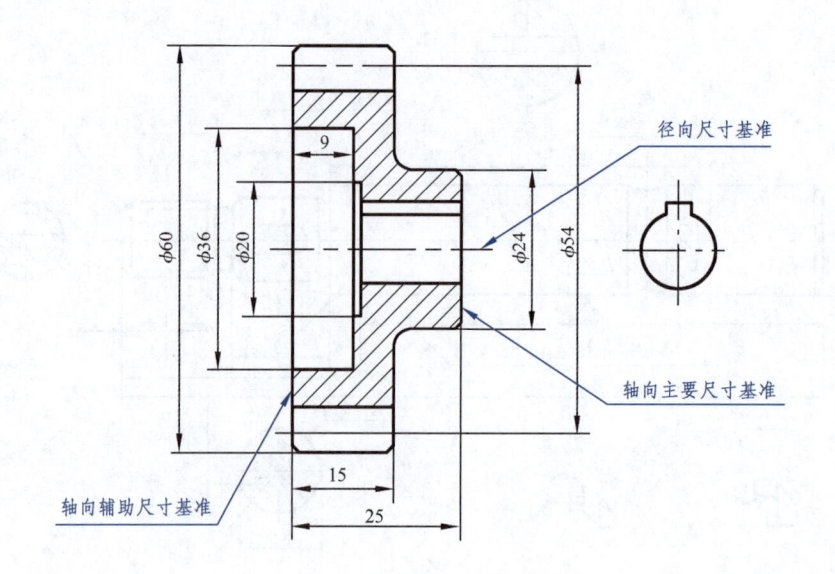

图 2-3-16　传动齿轮的尺寸标注

从传动齿轮的结构上看,其大部分是回转体结构,主要有径向尺寸和轴向尺寸,径向尺寸以轴线为基准,标注尺寸 $\phi60$、$\phi36$、$\phi20$、$\phi24$、$\phi54$ 等,而根据传动齿轮在转子油泵中的作用和位置,选择右端面为轴向主要尺寸基准,标注尺寸 25,然后以左端面为轴向辅助尺寸基准标注尺寸 9、15 等。其他尺寸读者自行分析。

转子油泵中的衬套、内转子、外转子均属于轴套类零件,其结构、表达方案及尺寸标注都比较简单,读者可自行分析,此处不再赘述。

三、绘制转子油泵装配图

1. 转子油泵装配图的视图选择

如图 2-3-17(a)所示,假想以通过泵轴轴线的正平面将转子油泵剖开,以箭头所示方向作为主视图的投射方向,画出全剖的主视图,如图 2-3-17(b)所示,能比较理想地反映转子油泵的工作原理和主要装配关系,也符合转子油泵的正常工作位置要求。

为了表达转子油泵的工作原理,可在左视图上采用拆卸画法,将传动齿轮和泵盖等零件拆去,以显示内、外转子的运动情况,如图 2-3-18 中的左视图所示。

因为转子油泵的前后基本对称,所以俯视图仅画一半,表示安装底板上螺栓孔的位置,并用局部剖表示圆柱销、泵体、泵盖间的装配关系。A 局部视图表示泵体上进、出油孔的安装位置。

2. 转子油泵装配图的画图步骤

(1)画各基本视图的中心线和作图基准线,如图 2-3-19 所示。

(a)轴测剖视图 (b)主视图

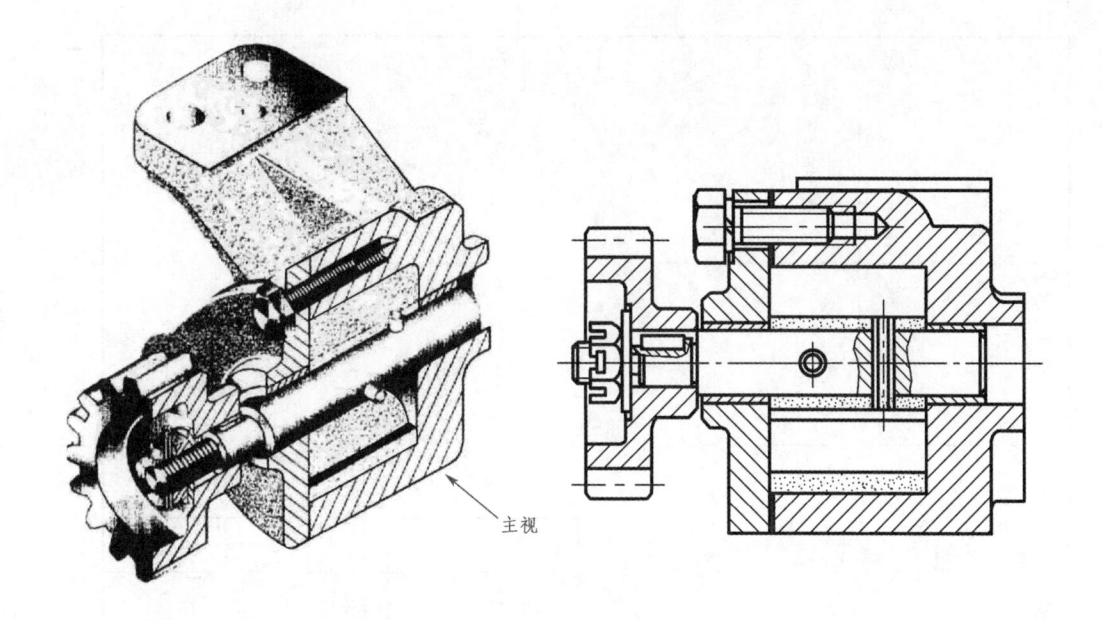

图 2-3-17　转子油泵主视图的选择

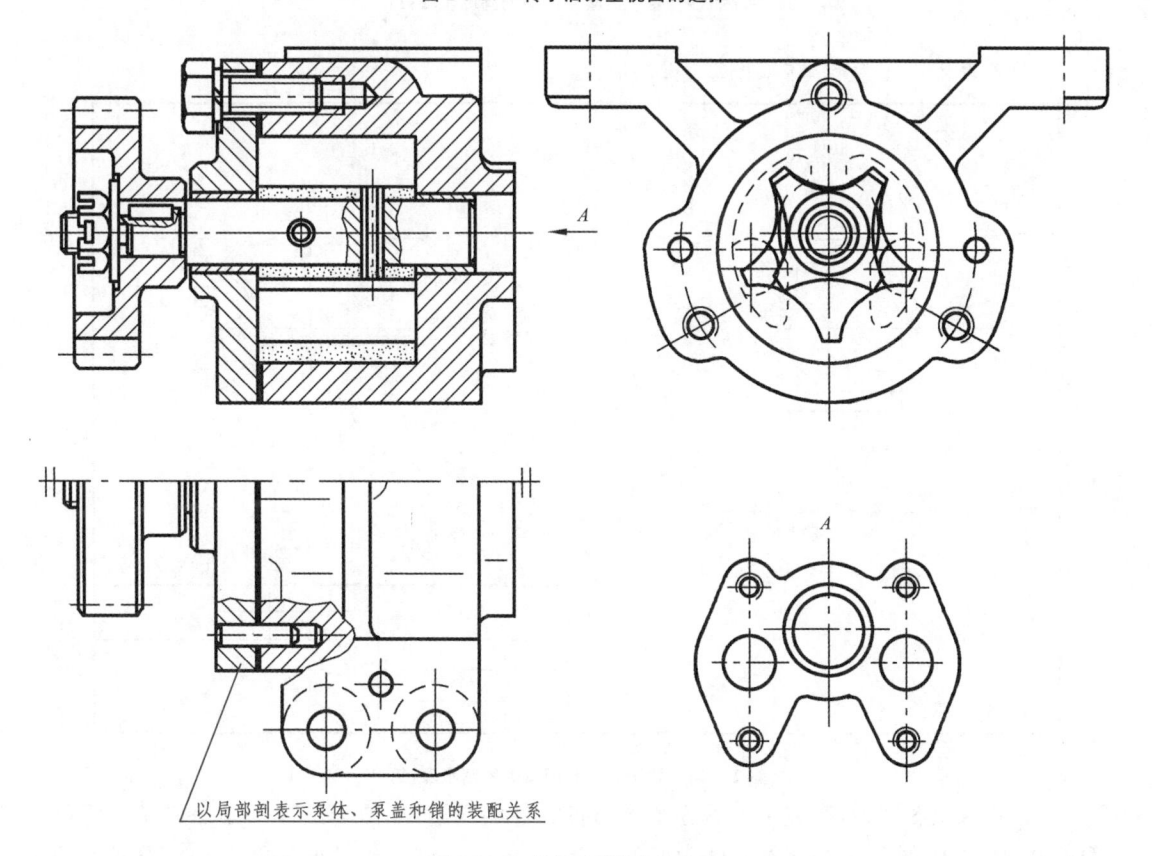

以局部剖表示泵体、泵盖和销的装配关系

图 2-3-18　转子油泵的表达方案

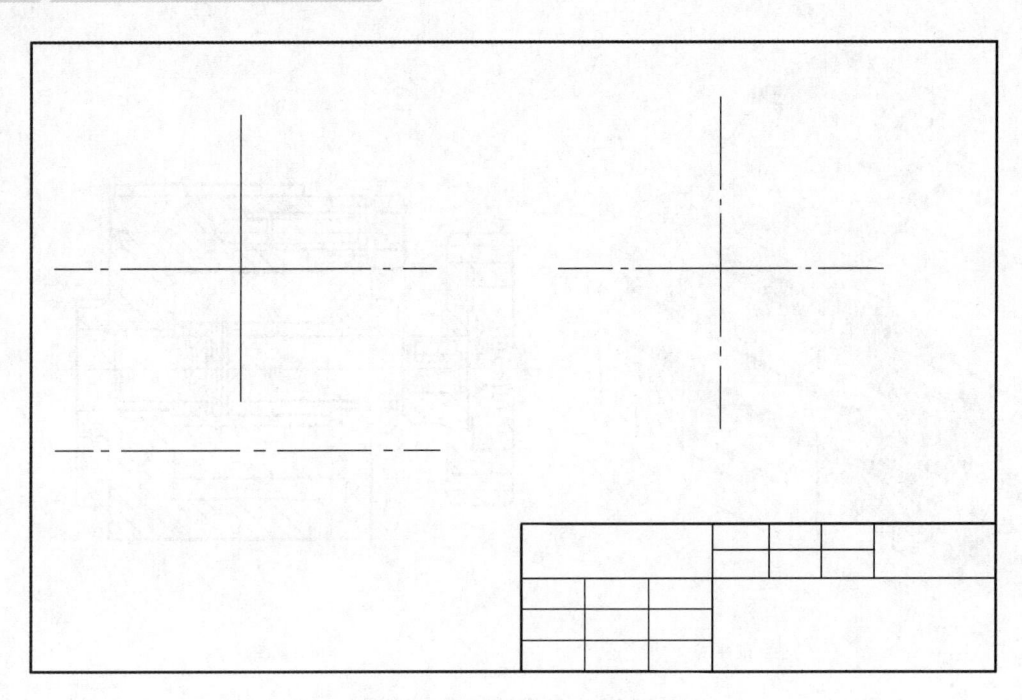

图 2-3-19 转子油泵装配图的画图步骤(1)

(2)画泵体的主要轮廓,如图 2-3-20 所示。

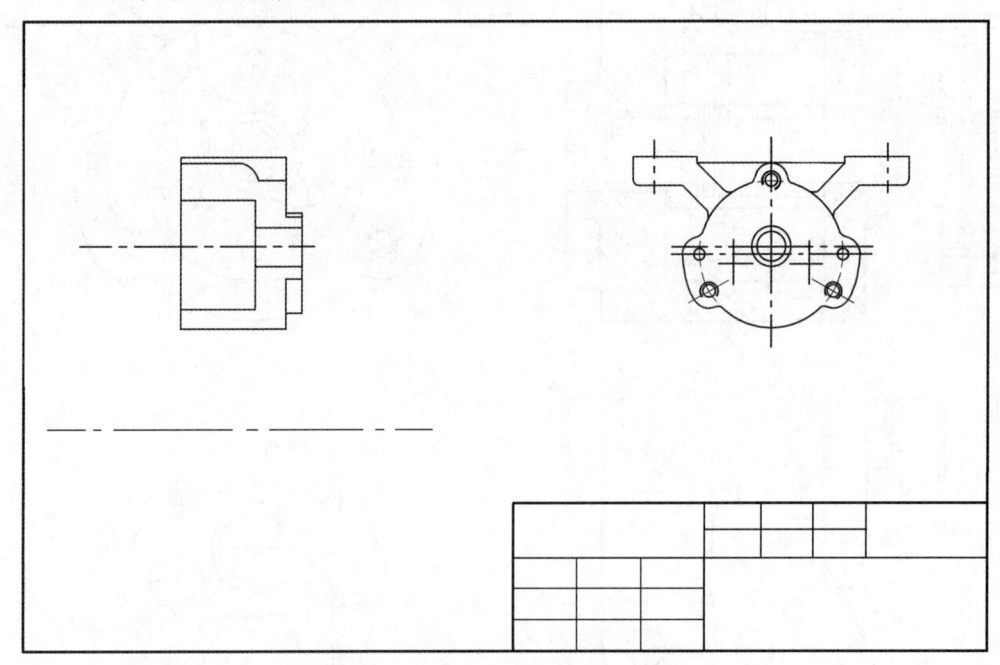

图 2-3-20 转子油泵装配图的画图步骤(2)

(3)从主视图开始,按装配关系逐个画出各零件的视图,如图 2-3-21 所示。必须注意画图的顺序,如内、外转子先靠在泵体内腔的底壁,用内转子和泵轴的配钻销孔确定泵轴在主视图中的左、右位置,然后再画出泵盖、传动齿轮等。对于有投影关系的各个基本视图,应联系起来同时画，如内、外转子应先画左视图，再按投影关系画出其主视图。

（4）画俯视图和局部视图，并画全各视图中的细节，如图 2-3-22 所示。

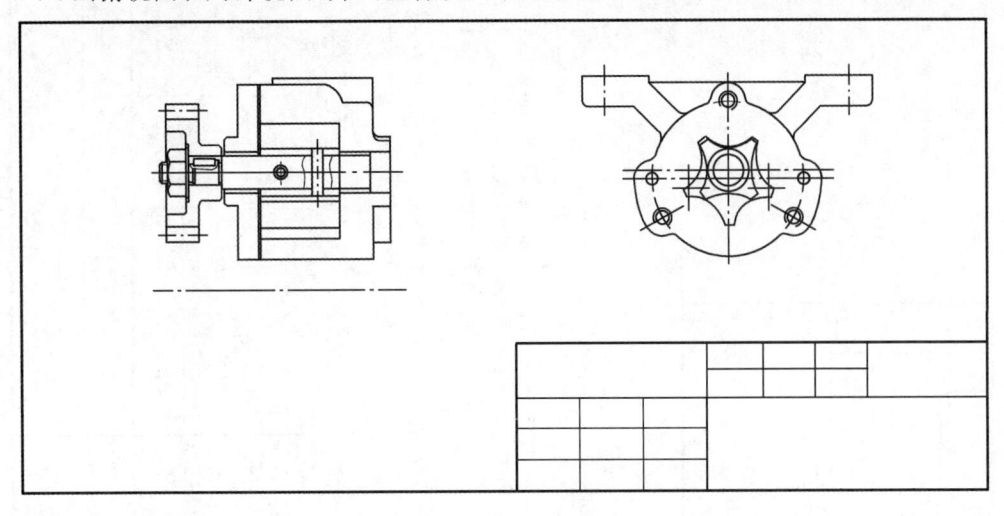

图 2-3-21　转子油泵装配图的画图步骤(3)

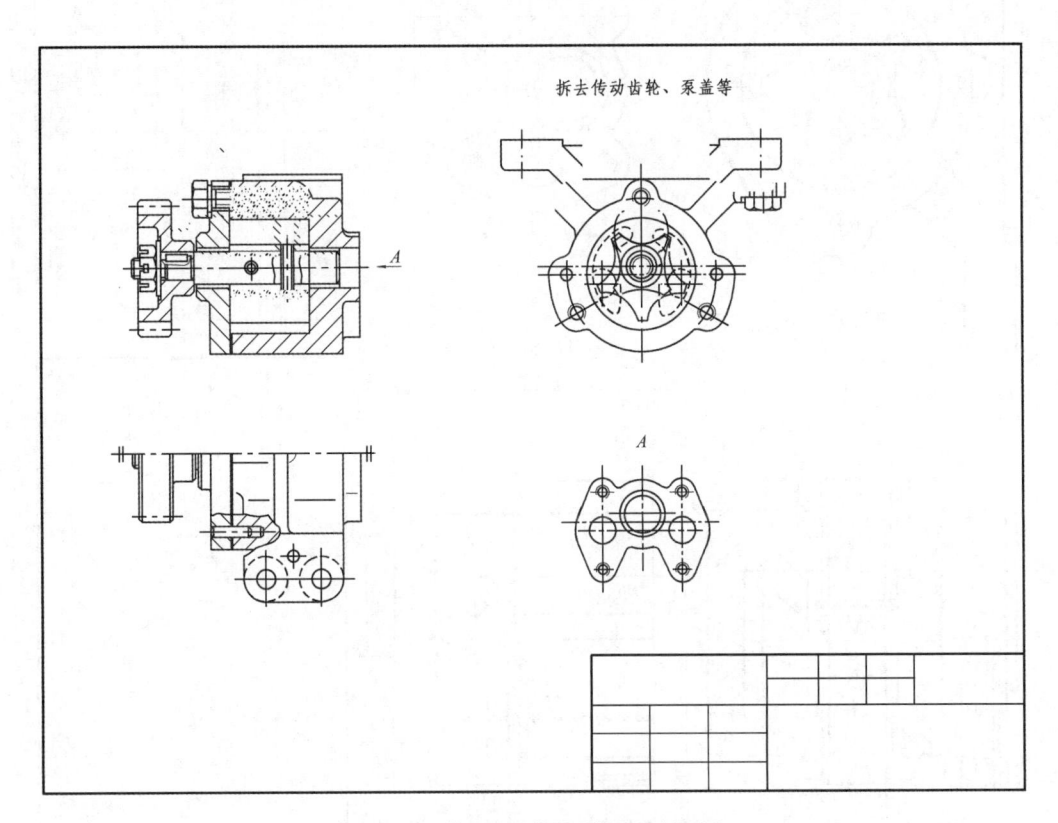

图 2-3-22　转子油泵装配图的画图步骤(4)

（5）注写尺寸及编写零件序号，检查核对后描深。

（6）填写标题栏和明细栏，注写技术要求，如图 2-3-23 所示。

技术要求

1. 装配后内、外转子端面间隙应在 0.07～0.15 mm 范围内（可选择不同厚度的垫片来控制）。
2. 装配成部件后，用手转动传动齿轮，在转动时应均匀无任何卡阻。
3. 转子油泵用 6 Pa 柴油试验 55 min，除转子油泵泵体和泵轴之间的间隙外，其余各部分不应有渗漏现象。

16	垫圈 8	3	65Mn	GB/T 93—1987		6	泵轴	1	45	
15	螺栓 M8×25	3	8.8 级	GB/T 5782—2016		5	外转子	1	铁基粉末冶金	
14	销 2×10	1	15	GB/T 91—2000		4	内转子	1	铁基粉末冶金	
13	垫圈 10	1	Q235AF	GB/T 97.1—2002		3	圆柱销 5m6×20	2	65Mn	GB/T 879.2—2000
12	螺母 M10	1	Q235AF	GB/T 6178—1986		2	衬套	1	ZCuZn38	
11	传动齿轮	1	45	$m=3\ z=18$		1	泵体	1	HT200	
10	圆柱销 5m6×18	2	45	GB/T 119.1—2000		序号	名称	件数	材料	备注
9	平键 4×4×10	1	45	GB/T 1096—2003		制图		比例		（图号）
8	泵盖	1	HT200			设计		质量		
7	垫片	1	工业纸板			审核		共 张 第 张		××职业技术学院

图 2-3-23 转子油泵装配图

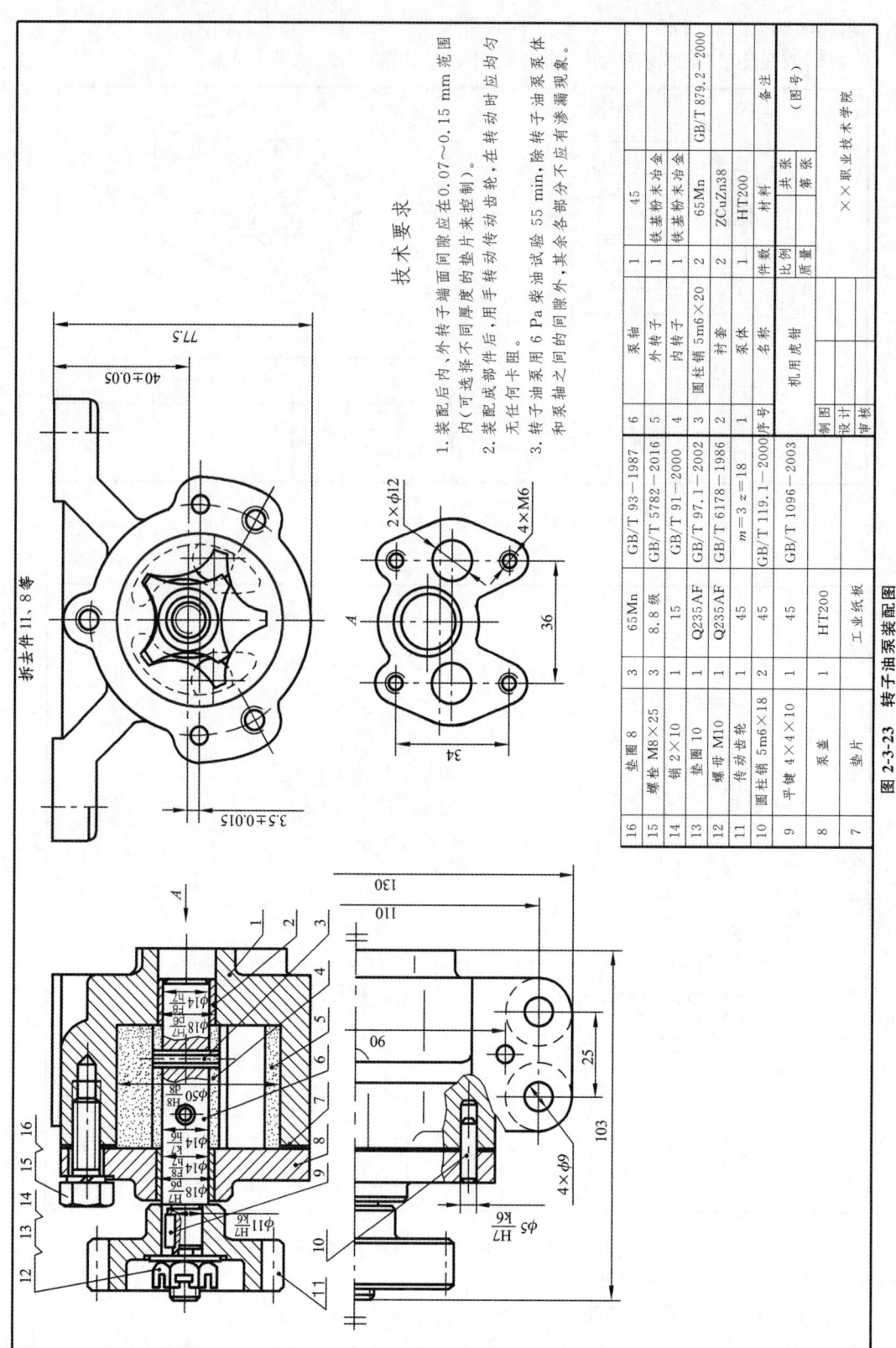

3. 转子油泵部件中极限与配合的选择说明

(1)泵轴与内转子配合处的公称尺寸为 $\phi14$ mm,两者要求有较高的同轴度,同时又便于拆装。又因为泵轴上同一公称尺寸的部分还要装入泵体和泵盖的衬套内,所以采用基轴制过渡配合($\phi14K7/h6$)。

(2)泵轴与衬套配合处的公称尺寸为 $\phi14$ mm,两者有良好的润滑条件,中等转速,所以选用基轴制间隙配合($\phi14F8/h7$)。

(3)衬套与泵体配合处的公称尺寸为 $\phi18$ mm,两者要求无相对运动,承受扭矩较小,轴向压力也很小,衬套的壁厚比较薄,采用基孔制过盈配合($\phi18H7/p6$);衬套与泵盖配合处的公称尺寸为 $\phi18$ mm,采用基轴制间隙配合($\phi18F8/h7$)。

(4)传动齿轮与泵轴处的公称尺寸为 $\phi11$ mm,两者有键连接,无相对运动,但要求较高的同轴度,可选用基孔制间隙配合($\phi11H7/h6$)。

(5)转子与泵体配合处的公称尺寸为 $\phi50$ mm,两者有良好的润滑条件,但应具有适当的间隙,可选用基孔制间隙配合($\phi50H8/d8$)。

(6)圆柱销与销孔配合处的公称尺寸为 $\phi5$ mm,选用基孔制过渡配合($\phi5H7/k6$)。

四、绘制零件图

根据装配图对零件草图进一步进行校核,然后绘制正规的零件图,根据各个零件的作用及与相关零件之间的关系,参考部件使用说明书及同类产品的有关要求,标注各零件的技术要求。转子油泵中非标准件的零件图,如图 2-3-24～图 2-3-30 所示。

装配图和零件图全部完成后,将全部图纸做最后的校核。

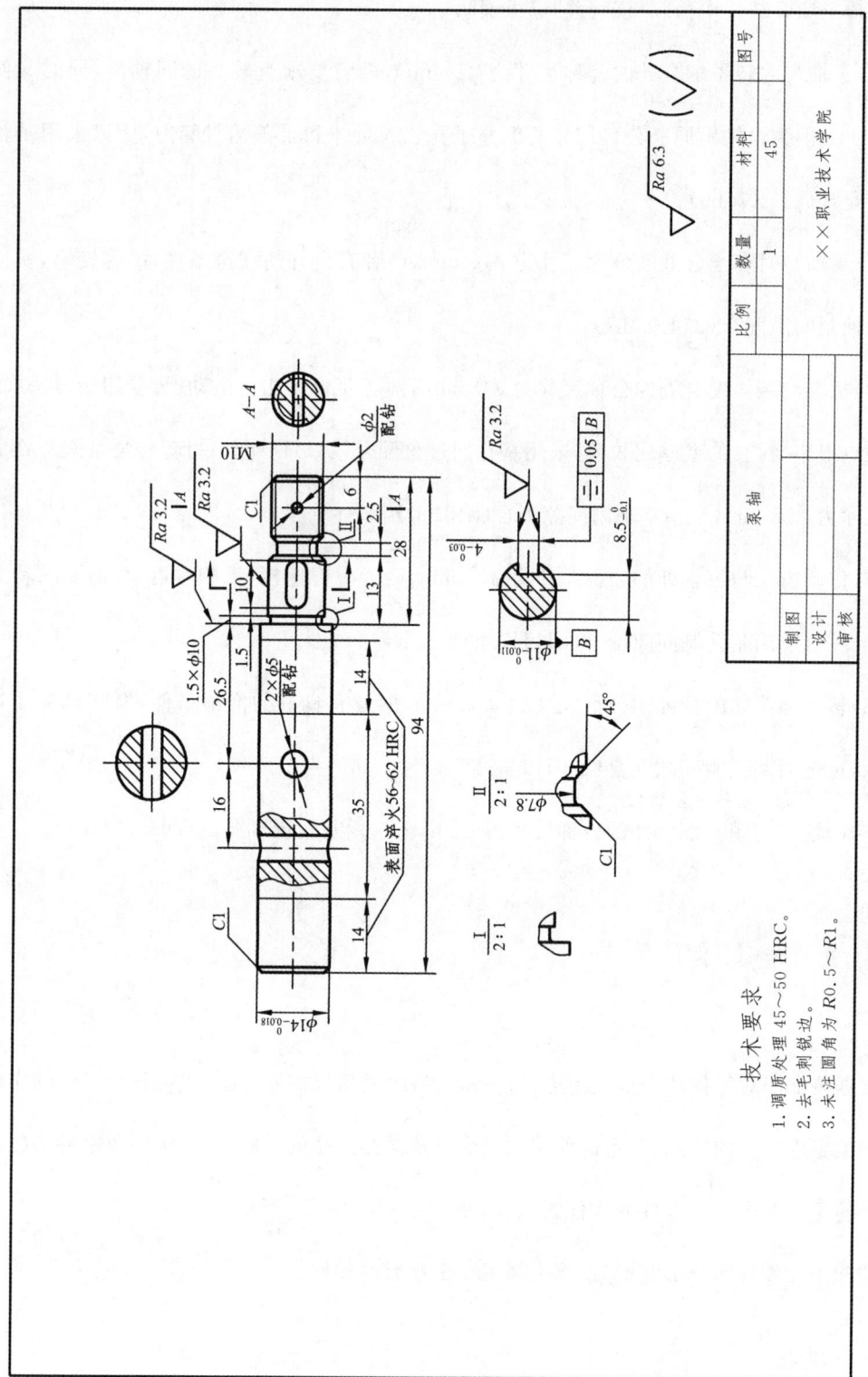

图 2-3-24 泵轴零件图

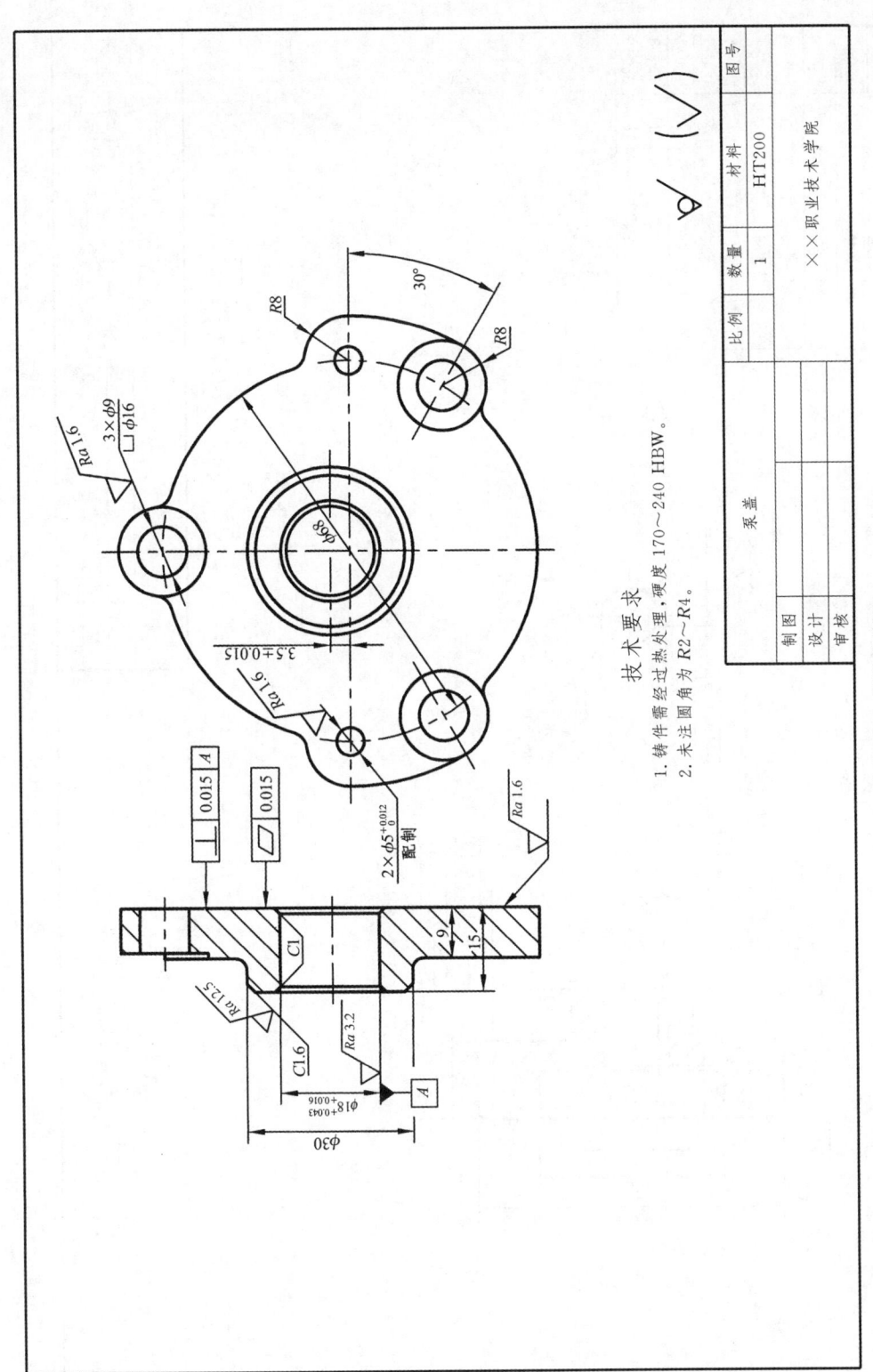

图 2-3-25 泵盖零件图

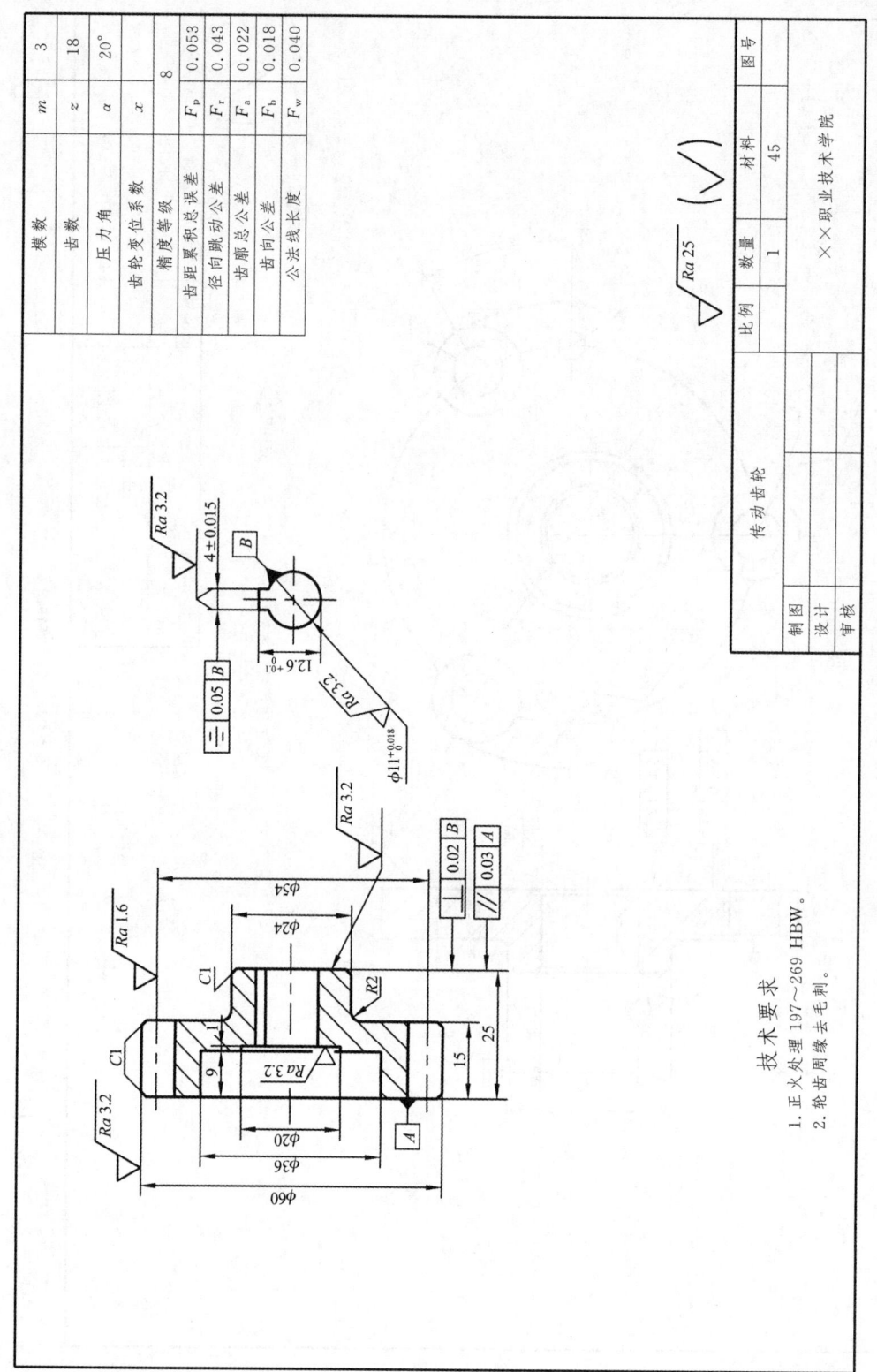

模数	m	3
齿数	z	18
压力角	α	20°
齿轮变位系数	x	
精度等级		8
齿距累积总误差	F_p	0.053
径向跳动公差	F_r	0.043
齿廓总公差	F_a	0.022
齿向公差	F_b	0.018
公法线长度	F_w	0.040

技术要求
1. 正火处理 197~269 HBW。
2. 轮齿周缘去毛刺。

图 2-3-26 传动齿轮零件图

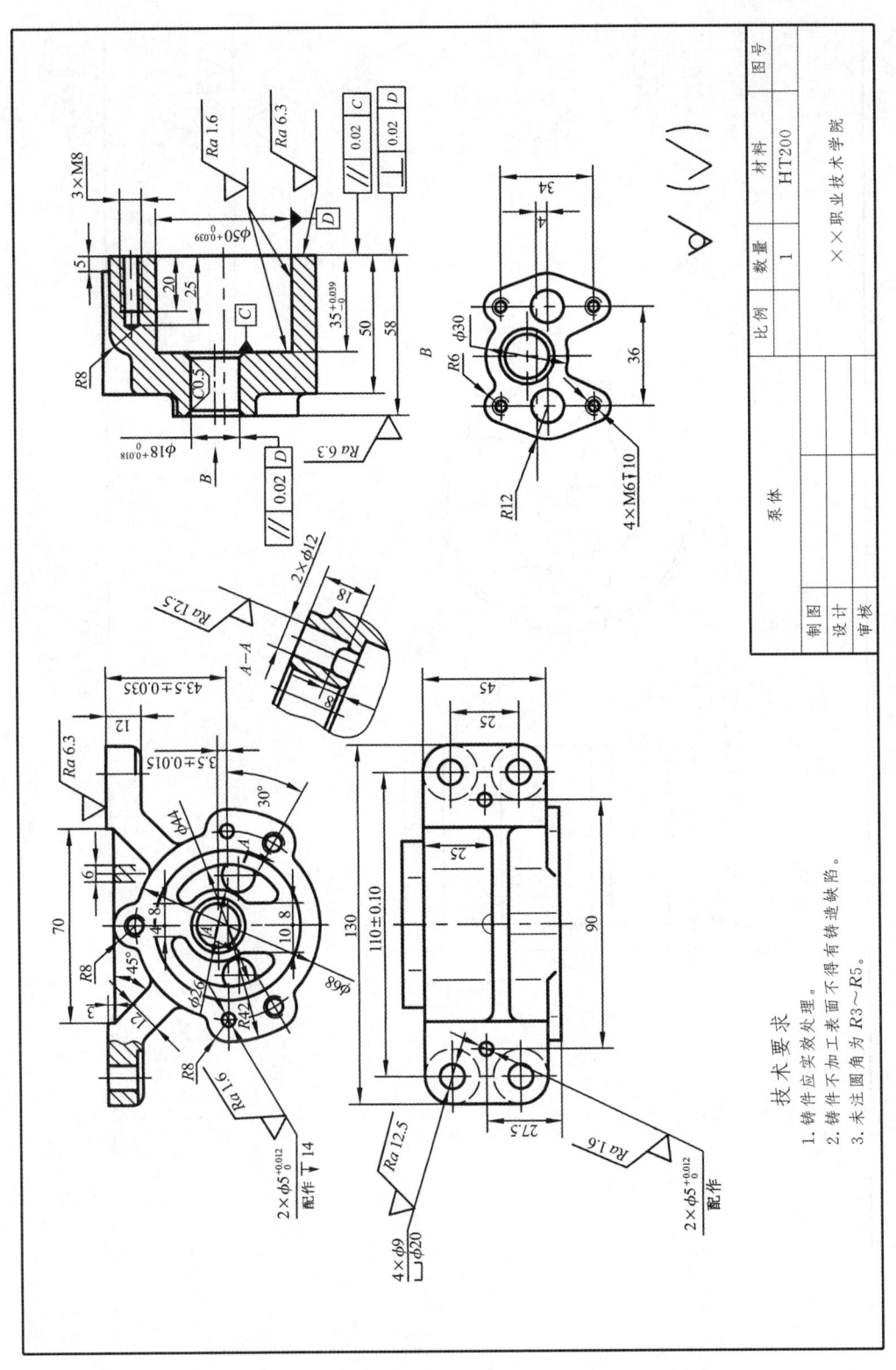

图 2-3-27 泵体零件图

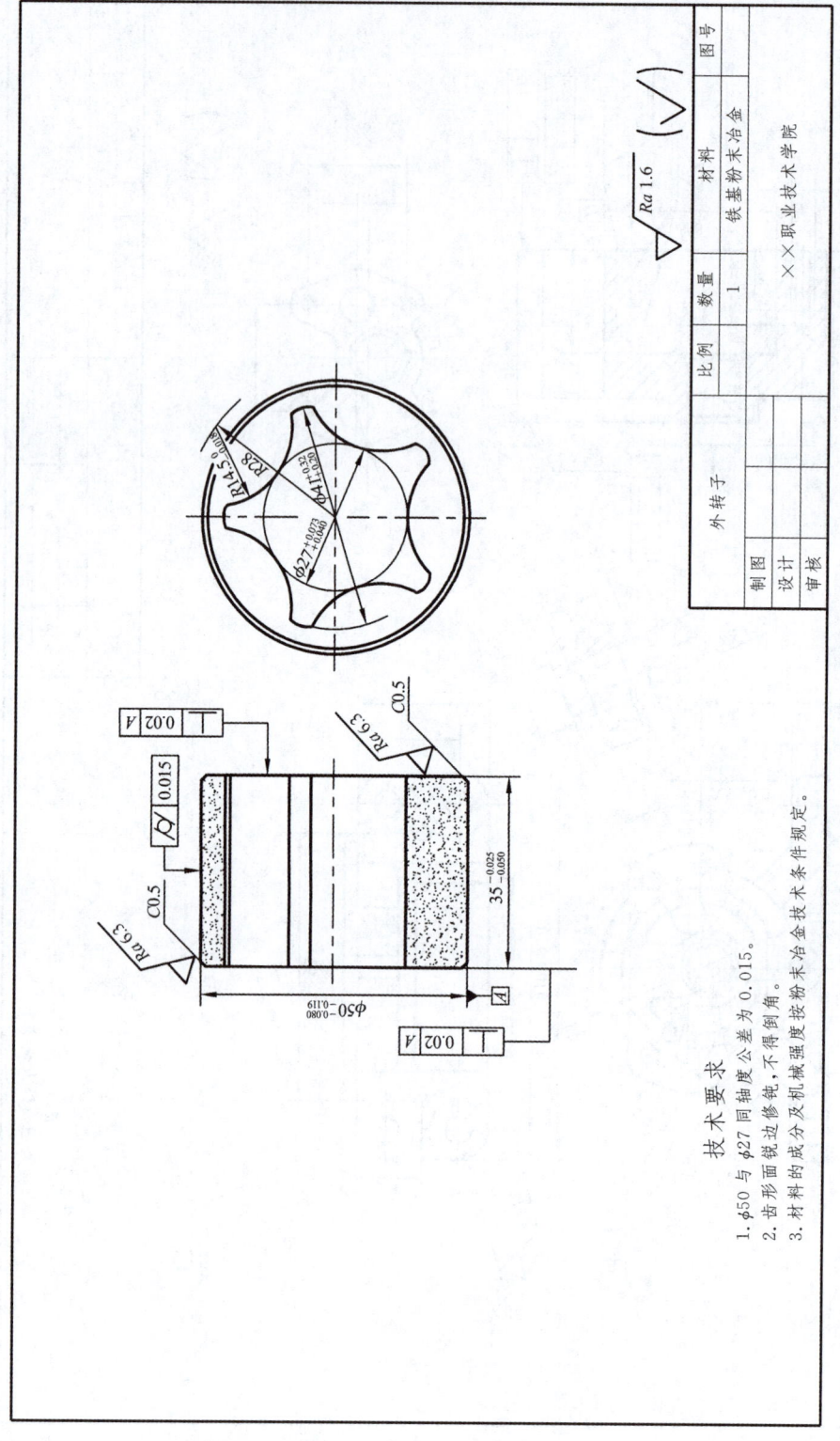

技术要求
1. φ50 与 φ27 同轴度公差为 0.015。
2. 齿形面锐边修钝，不得倒角。
3. 材料的成分及机械强度按粉末冶金技术条件规定。

图 2-3-28 外转子零件图

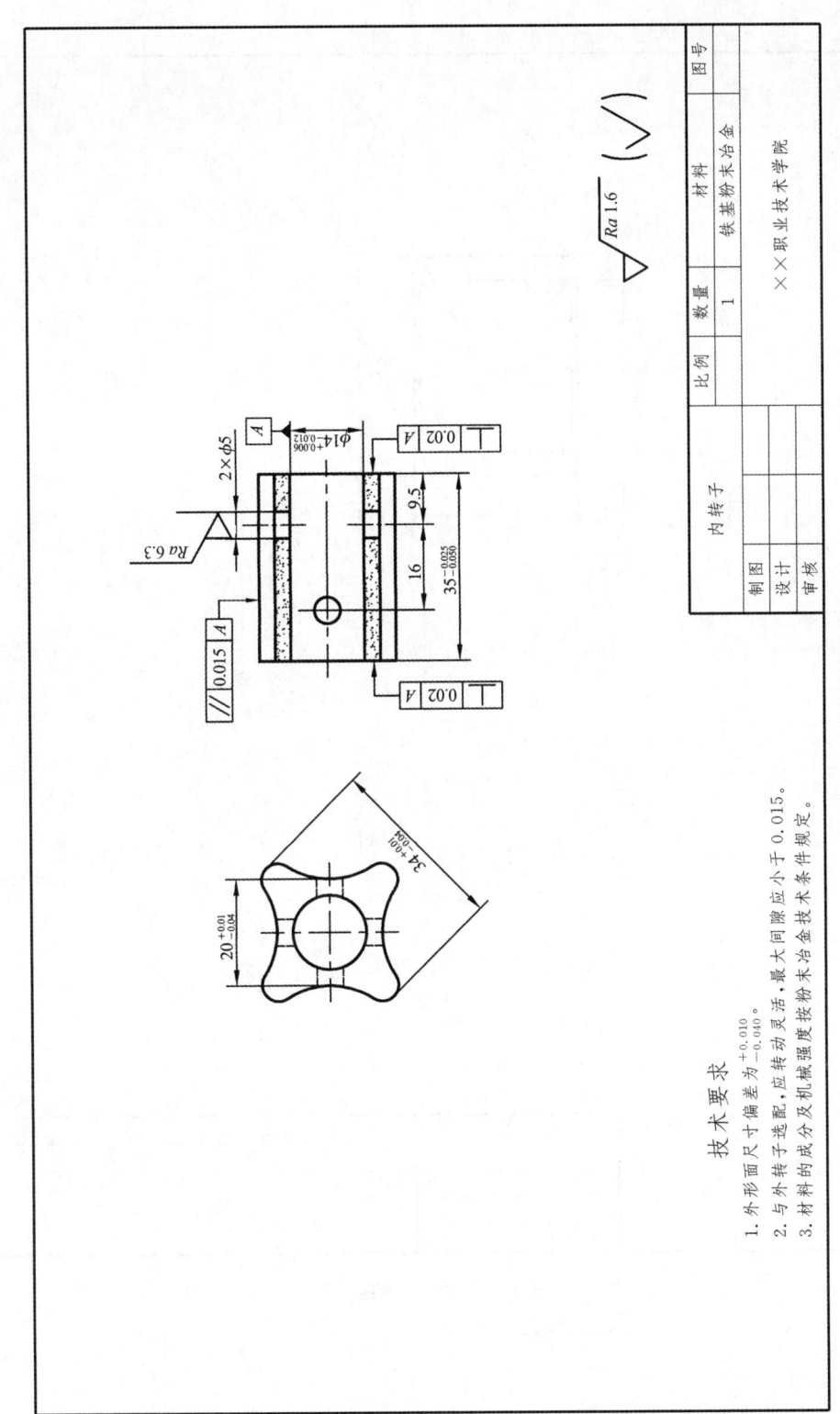

技术要求
1. 外形面尺寸偏差为 $^{+0.010}_{-0.040}$。
2. 与外转子选配，应转动灵活，最大间隙应小于 0.015。
3. 材料的成分及机械强度按粉末冶金技术条件规定。

图 2-3-29 内转子零件图

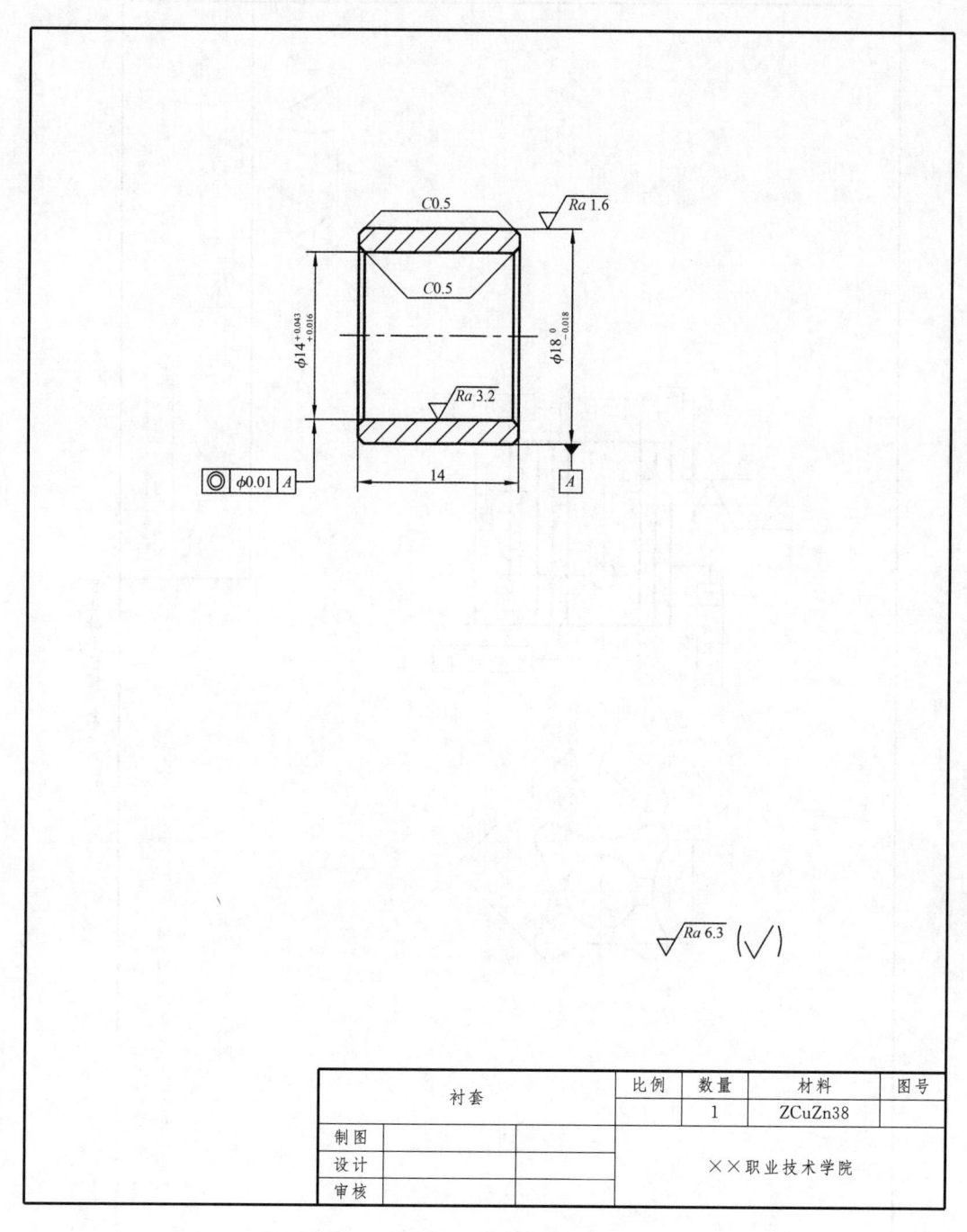

图 2-3-30 衬套零件图

拓 展 训 练

一、填空

1. 转子油泵中的泵体属于_____类零件,主视图的选择应符合_____原则。
2. 转子油泵中的泵盖属于_____类零件,主视图的选择应符合_____原则。
3. 转子油泵中的泵轴属于_____类零件,主视图的选择应符合_____原则。
4. 转子油泵装配图(图 2-3-23)中泵轴的中心高度 40±0.05 是_____尺寸,3.5±0.015 是_____尺寸,总体尺寸分别是长度_____、宽度_____、高度_____,ϕ14F8/h7 是_____尺寸。

二、简答

1. 转子油泵中泵轴与内转子为什么采用基轴制配合?泵轴与衬套之间采用什么配合性质?为什么?
2. 转子油泵中泵体和泵盖之间是用什么连接的?泵体和泵盖之间销连接的作用是什么?
3. 简述转子油泵中泵体的尺寸基准。

成果评价

转子油泵测绘评价标准见表 2-3-3。

表 2-3-3　　　　　　　　转子油泵测绘评价标准

姓名		组别			组长			
评价项目	考核内容	评价方法		评价标准	得分			
					自我评价	组内互评	教师评价	
专业能力 70%	遵守《机械制图》和《技术制图》相关的国家标准,掌握并运用械制图的基础知识(50%)	现场考核	图形表达(15%)	零件图和装配图的主视图选择正确,表达方案合理。主视图选择不合理或表达方案不完整,每出现一次扣 3 分。图形中线型正确,错一处扣 1 分。				
			尺寸标注(15%)	零件图尺寸基准选择正确,尺寸标注正确、清晰、完整、合理,错一处扣 1 分。装配图标注必要的尺寸,缺一个扣 1 分。				
			技术要求(10%)	零件图标注表面粗糙度、尺寸公差和几何公差等技术要求,缺一个或错误标注一处扣 1 分。零件图和装配图根据需要标注文字说明的技术要求,没有标注的缺一个扣 1 分。				
			零件序号及明细栏(5%)	装配图要编写零件序号,绘制明细栏。没有编写零件序号或编写错误的扣 3 分;缺少明细栏或明细栏绘制错误的扣 2 分。				
			图面质量(5%)	图面清洁,布图合理。对于图面质量较差的酌情扣分。				

续表

姓名		组别		组长		
评价项目	考核内容	评价方法	评价标准	得分		
				自我评价	组内互评	教师评价
专业能力 70%	熟练使用绘图工具、仪器和量具等。积极参与,准确高效地进行测绘(20%)	现场考核	优秀(20%)	积极参与,准确高效地进行测绘。全勤		
			良好(15%)	比较积极参与,准确高效地进行测绘。全勤		
			中等(10%)	比较积极参与,比较准确地进行测绘。缺课1学时		
			合格(5%)	有限参与,在同学或老师的帮助下能够进行测绘。缺课1学时以上		
			不合格(0%)	未完成任务。缺课		
团队协作 10%	进行小组合作,完成测绘任务	现场考核	团队成员之间互相沟通、交流、协作,互帮互学,工作责任心强,具备良好的群体意识和社会责任			
职业素养 10%	按照"6S"标准要求,具有良好的工作习惯	现场考核	按照"6S"标准执行,具有良好的职业道德和吃苦耐劳的精神,安全操作,规范实施			
可持续发展 10%	自主学习和探索研究能力	任务单或线上考核	对老师布置的课前预习与资料查询和课后拓展训练的达成度			

任务4 截止阀的测绘

学习目标 >>>

- 通过查阅资料,了解截止阀的用途;分析其拆卸顺序并能够拆装部件,了解其组成、工作原理及各零件之间的连接与装配关系,掌握装配示意图的绘制方法,绘制截止阀的装配示意图。
- 能够区分截止阀中的标准件和非标准件,确定标准件的规定标记;分析非标准件的结构特点和零件类别,确定表达方案,绘制零件图;根据零件的结构特点及在装配体中的作用确定零件尺寸基准,按照零件图尺寸标注要求及形体分析法标注尺寸。
- 确定截止阀的表达方案,绘制其装配图。要求部件的工作原理及零件之间的连接装配关系表达清楚,进行必要的尺寸标注;根据零件之间的配合性质,参考同类产品的图纸标注配合尺寸及其他技术要求。
- 根据装配图对零件草图进一步进行校核,调整零件不合理的结构和尺寸,绘制正规的零件图。能够根据装配图中配合尺寸确定零件的尺寸公差并且加以标注,标注零件表面粗糙度和几何公差等技术要求。

问题引导 >>>

1. 截止阀的用途是什么?其工作原理是什么?
2. 截止阀的拆卸顺序是什么?
3. 截止阀有几种标准件?它们的标记是什么?

素养提升 >>>

"6S"管理之"素养":在零部件测绘过程中,要加强个人"素养"。"素养"是指培养每位员工养成良好的习惯,并遵守规则做事。个人要穿戴整齐,无迟到、早退现象;召开早会,对

"6S"执行情况进行检讨和追踪,垃圾、小零件、工量具摆放整齐。开展"6S"容易,但长时间的维持必须靠素养的提升,为了做好这项工作需要制定各项相关标准供大家遵守,使大家都能养成遵守标准的良好习惯,营造团队精神,这也是"养成"教育的体现。

一、了解截止阀的用途,拆卸部件,绘制装配示意图

1. 了解测绘对象

通过观察实物,参考有关图纸和说明书,了解部件的用途、性能、工作原理、装配关系和结构特点等。截止阀是一种控制液体流量的调节阀,转动手轮,通过阀杆的上下移动,可以关闭通道或调节流量的大小。

图 2-4-1 所示为截止阀的组成,从图中可以看出,截止阀共由九种零件所组成,其中螺母、垫圈和密封圈是标准件,其余为非标准件。

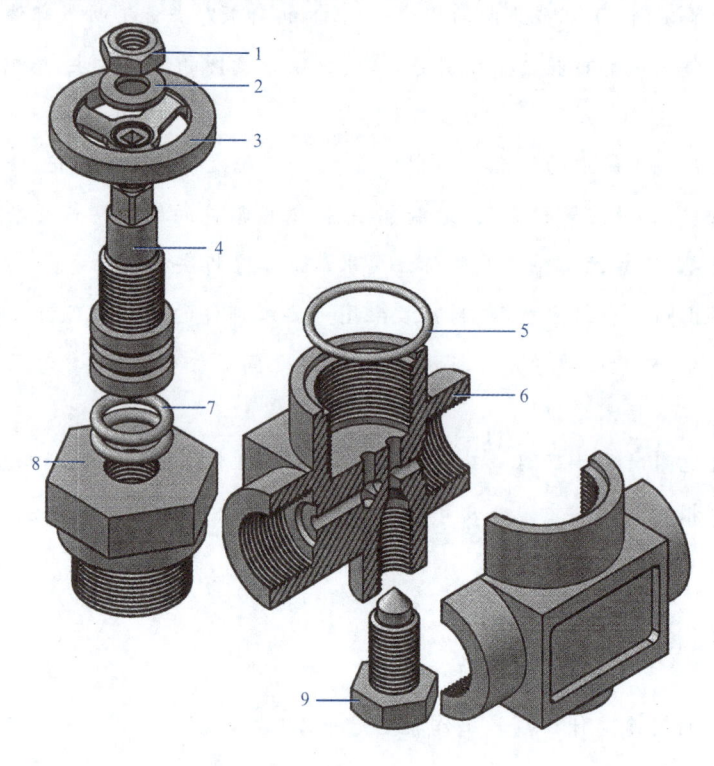

图 2-4-1 截止阀的组成

1—螺母;2—垫圈;3—手轮;4—阀杆;5、7—密封圈;6—阀体;8—大螺母;9—螺钉

2. 拆卸部件和画装配示意图

截止阀的拆卸顺序是先拆下手轮上面的螺母和垫圈,然后卸下手轮,再将大螺母连同阀杆、密封圈一起从阀体中整体拆下,这样就可以进一步将大螺母、阀杆和密封圈彼此分离拆下,下面的螺钉可以直接拆下。图 2-4-2 是截止阀的装配示意图。

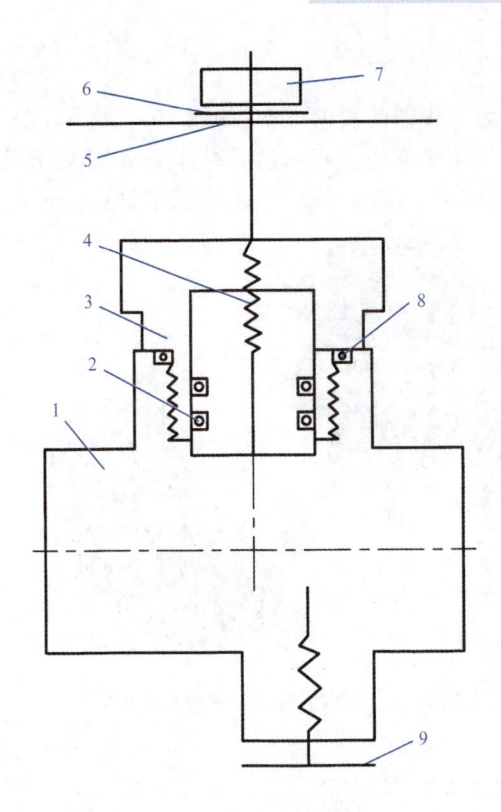

图 2-4-2　截止阀的装配示意图
1—阀体；2、8—密封圈；3—大螺母；4—阀杆；5—手轮；6—垫圈；7—螺母；9—螺钉

二、绘制截止阀非标准件的零件草图

通过对截止阀各零件的分析得知，截止阀有四种标准件，其标记见表 2-4-1。对于非标准件，要进行测绘，并且画出零件草图。

表 2-4-1　　　　　　　　　截止阀的标准件

名　称	数　量	规定标记
螺　母	1	螺母 GB/T 6170—2015 M12
垫　圈	1	垫圈 GB/T 97.1—2002 12
密封圈	2	密封圈 40×3　GB/T 3452.1—2005
密封圈	1	密封圈 22×4　GB/T 3452.1—2005

1. 阀体的测绘

(1) 阀体的结构分析

阀体的结构如图 2-4-3 所示，从图中可以看出阀体属于箱体类零件，用于容纳大螺母、阀杆等零件，根据工作的需要，其上加工有水平和竖直方向的孔，为了与管道、大螺母、螺钉相连接，阀体孔的相应部位上加工有螺纹。

(2)视图选择与表达方案

以阀体的工作位置作为主视图的投射方向,如图 2-4-3 所示。图 2-4-4 是阀体的表达方案:主视图采用全剖视图,剖切平面通过阀体前后对称平面,能够表达清楚阀体内部结构;俯视图表达阀体的外部形状;用 A 局部视图表达阀体前、后凹槽的形状及结构。

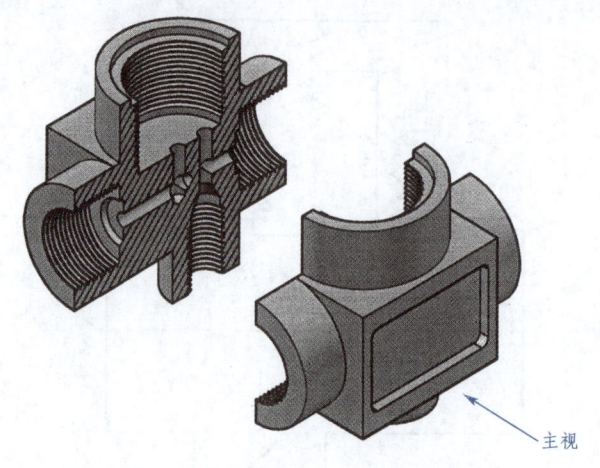

图 2-4-3 阀体的结构及主视图方向的选择

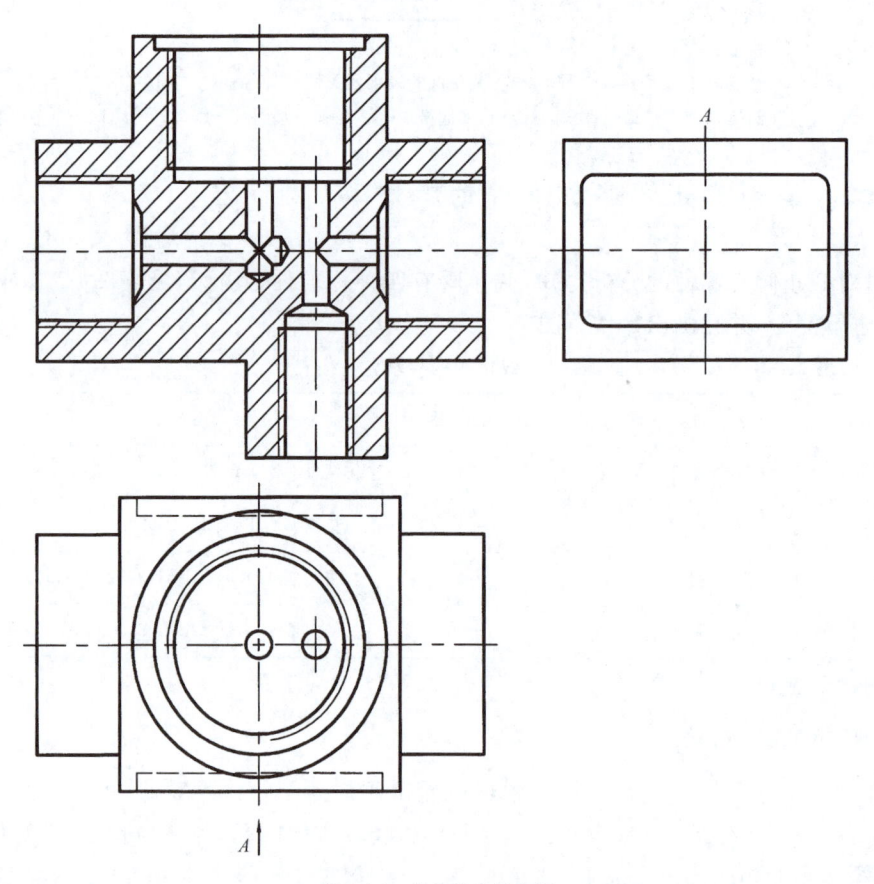

图 2-4-4 阀体的表达方案

(3) 阀体的尺寸标注

如图 2-4-5 所示，以 M42 孔的轴线作为阀体长度方向主要尺寸基准，标注尺寸 51、102、13 等；以阀体上表面为高度方向主要尺寸基准，标注尺寸 3、32、47、92 等；阀体前后对称，所以以阀体前后对称平面为宽度方向尺寸基准，标注尺寸 64。其他尺寸读者自行分析。

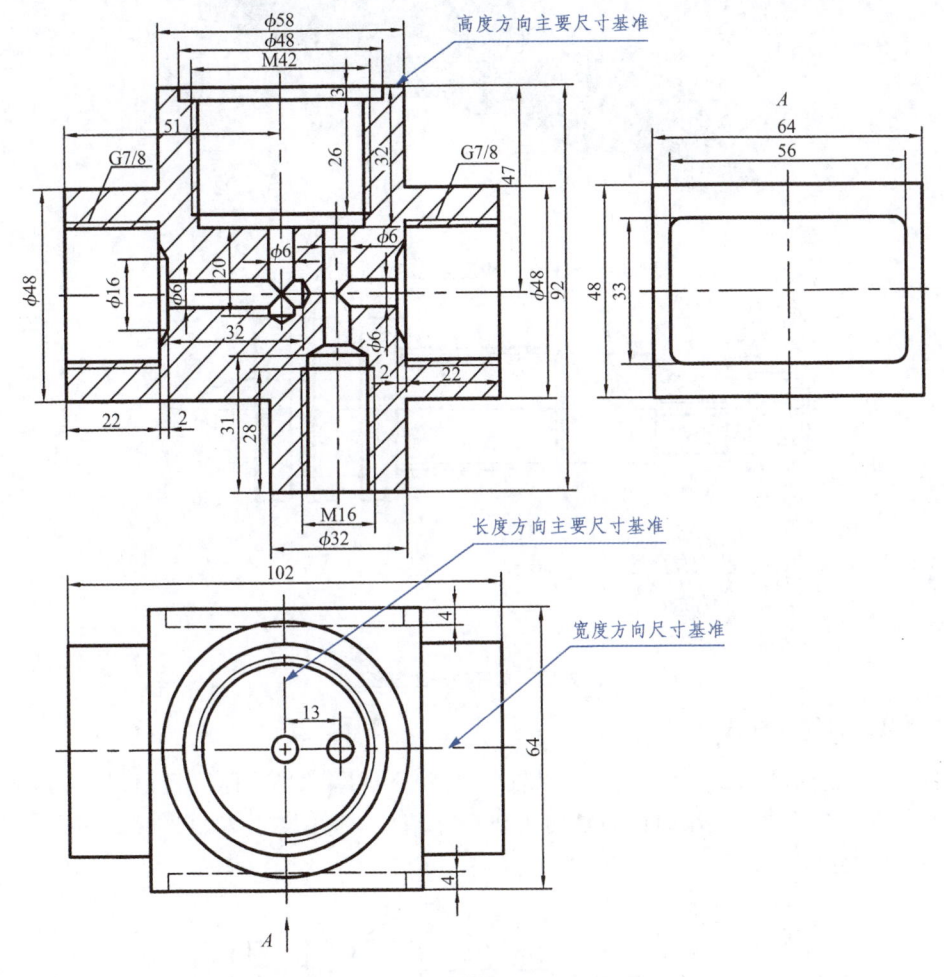

图 2-4-5　阀体的尺寸标注

2. 阀杆的测绘

(1) 阀杆的结构分析

阀杆的结构如图 2-4-6 所示，从图中可以看出阀杆属于轴套类零件，根据工作的需要，其上加工有螺纹结构。

(2) 视图选择与表达方案

以图 2-4-6 所示的方向作为主视图的投射方向，符合阀杆的加工位置要求。图 2-4-7 是阀杆的表达方案：由于阀杆各段均为回转体结构，结合尺寸标注，所以只用一个主视图和一个移出断面图就可以表达清楚阀杆的结构形状。

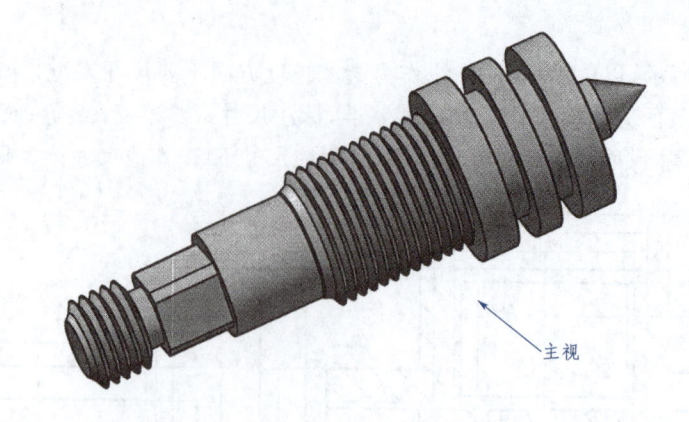

图 2-4-6 阀杆的结构及主视图方向的选择

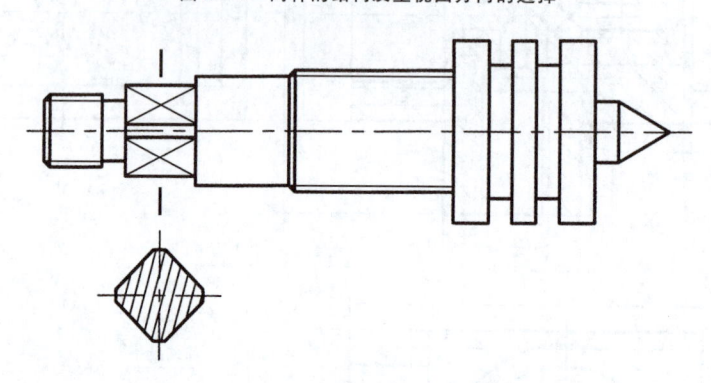

图 2-4-7 阀杆的表达方案

（3）阀杆的尺寸标注

阀杆的尺寸标注如图 2-4-8 所示，以轴线作为径向尺寸基准标注径向尺寸，如 M12、$\phi 10$、$\phi 22$、$\phi 18$ 等；以阀杆左端面作为轴向主要尺寸基准，标注尺寸 10、14、26、106 等。其他尺寸读者自行分析。

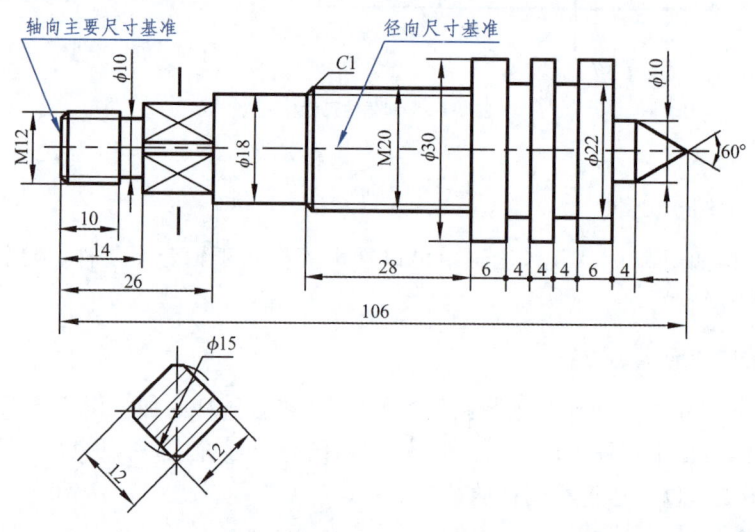

图 2-4-8 阀杆的尺寸标注

3. 大螺母的测绘

（1）大螺母的结构分析

大螺母的结构如图 2-4-9 所示，从图中可以看出大螺母属于轴套类零件，根据工作的需要，其上加工有螺纹结构。

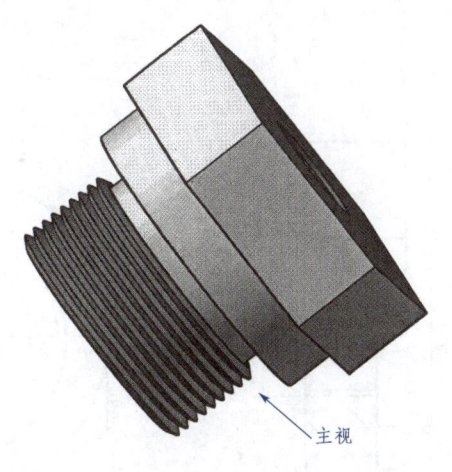

图 2-4-9　大螺母的结构及主视图方向的选择

（2）视图选择与表达方案

以图 2-4-9 所示的方向作为主视图的投射方向，符合大螺母的加工位置要求。图 2-4-10 是大螺母的表达方案：主视图采用半剖视图表达大螺母的外形及内部孔的结构；左视图主要表达六棱柱的形状特征。

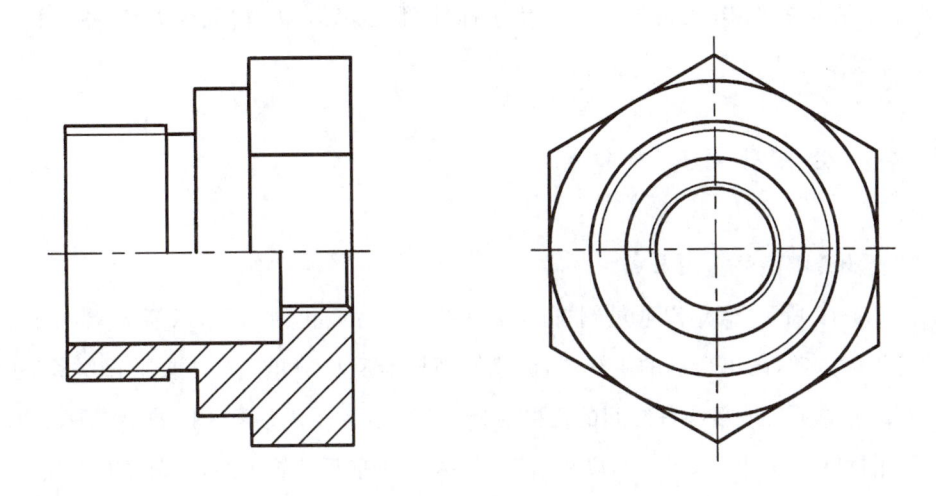

图 2-4-10　大螺母的表达方案

(3)大螺母的尺寸标注

大螺母的尺寸标注如图 2-4-11 所示,以轴线作为径向尺寸基准标注径向尺寸,如 M42、$\phi 30$、$\phi 38$、$\phi 54$、M20 等;以大螺母与阀体的结合面作为轴向主要尺寸基准,标注尺寸 5、22 等。其他尺寸读者自行分析。

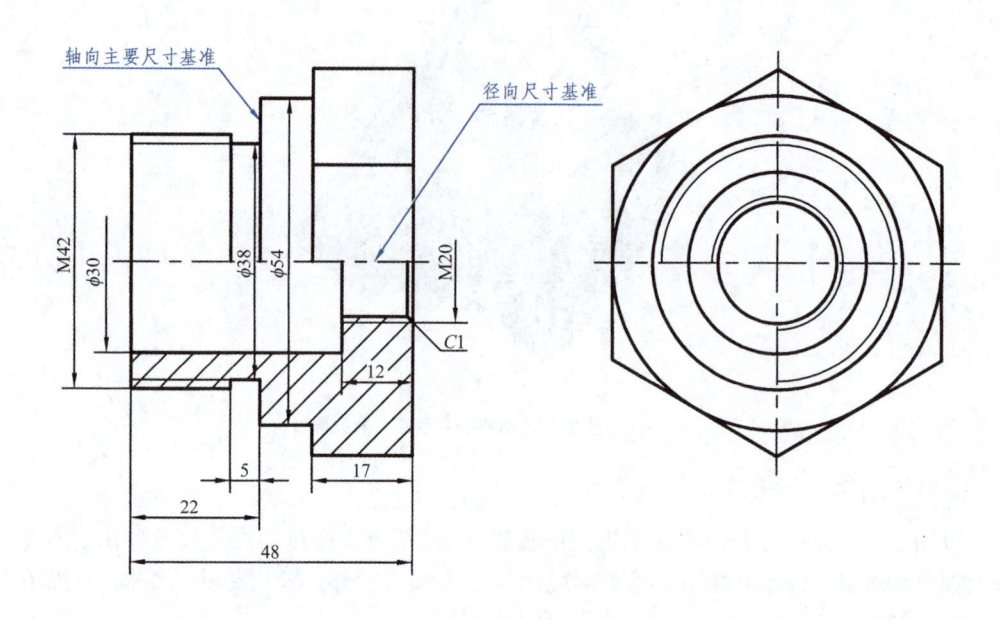

图 2-4-11 大螺母的尺寸标注

螺钉和手轮的结构及视图表达、尺寸标注都比较简单,在此不再赘述,具体可见图 2-4-22 和图 2-4-23。

三、绘制截止阀装配图

1. 截止阀装配图的视图选择

如图 2-4-12 所示,假想以通过阀杆轴线的正平面将截止阀剖开,以箭头所示方向作为主视图的投射方向,画出全剖的主视图,能比较理想地反映截止阀的主要装配关系,也能反映截止阀的工作原理及各零件之间的连接与装配关系。为了表达截止阀的工作原理,可在俯视图上采用拆卸画法,将手轮拆去,以显示其余各零件的前后位置关系,如图 2-4-13 所示。

2. 截止阀装配图的画图步骤

(1)画各基本视图的中心线和作图基准线,如图 2-4-14 所示。

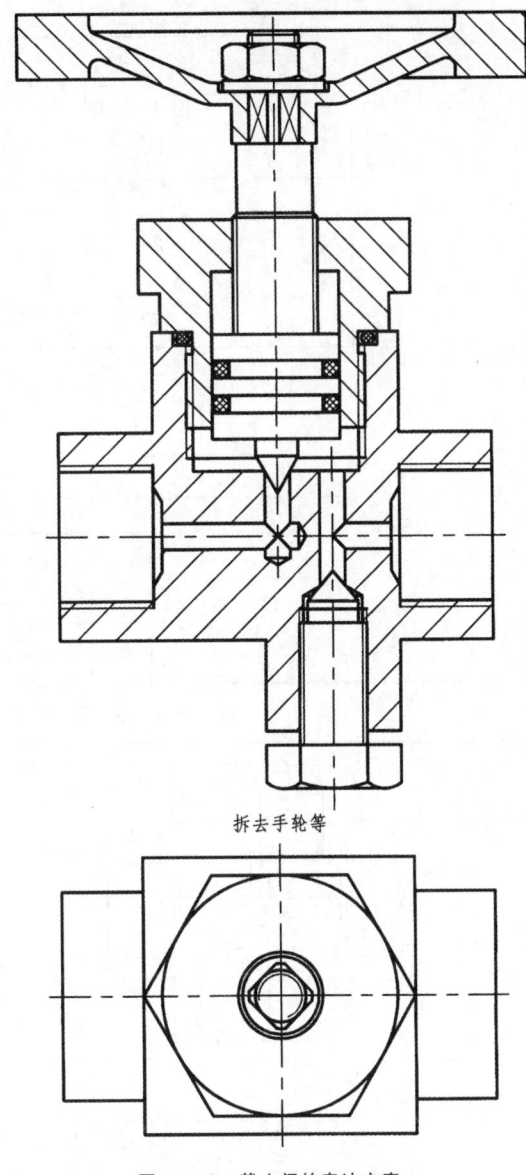

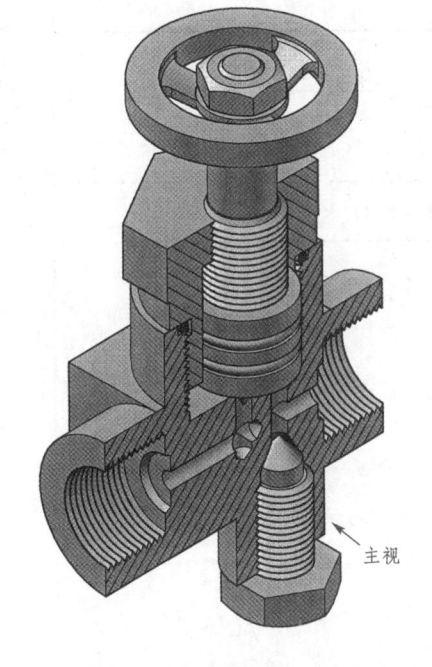

图 2-4-12 截止阀主视图的选择　　　　图 2-4-13 截止阀的表达方案

(2)画阀体的主要轮廓,如图 2-4-15 所示。

(3)画大螺母和阀杆的投影,如图 2-4-16 所示。

(4)画螺钉、手轮、垫圈、螺母、密封圈在主视图中的投影,并画全各视图中的细节,如图 2-4-17 所示。

(5)注写尺寸及编写零件序号,检查核对后描深。

(6)填写标题栏和明细栏,注写技术要求,如图 2-4-18 所示。

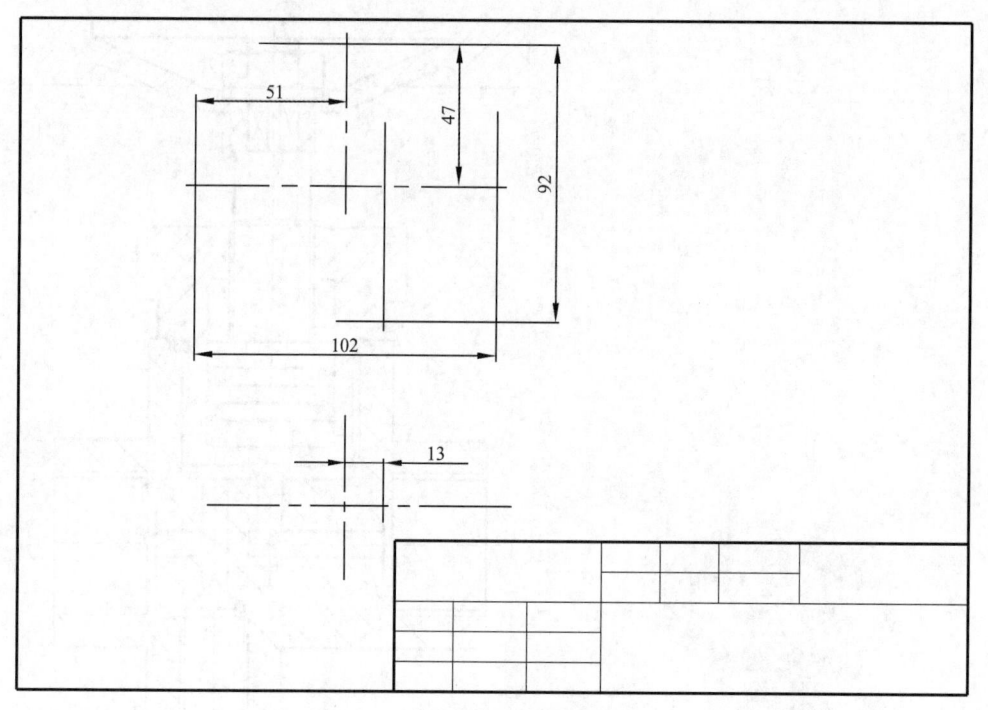

图 2-4-14　截止阀装配图的画图步骤(1)

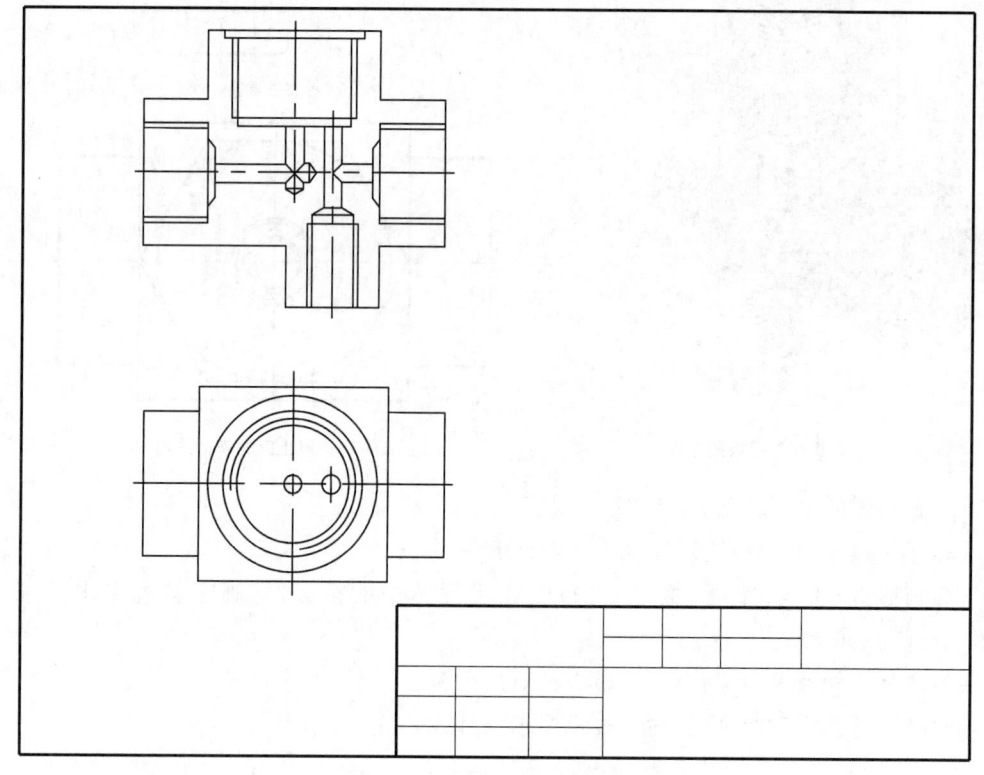

图 2-4-15　截止阀装配图的画图步骤(2)

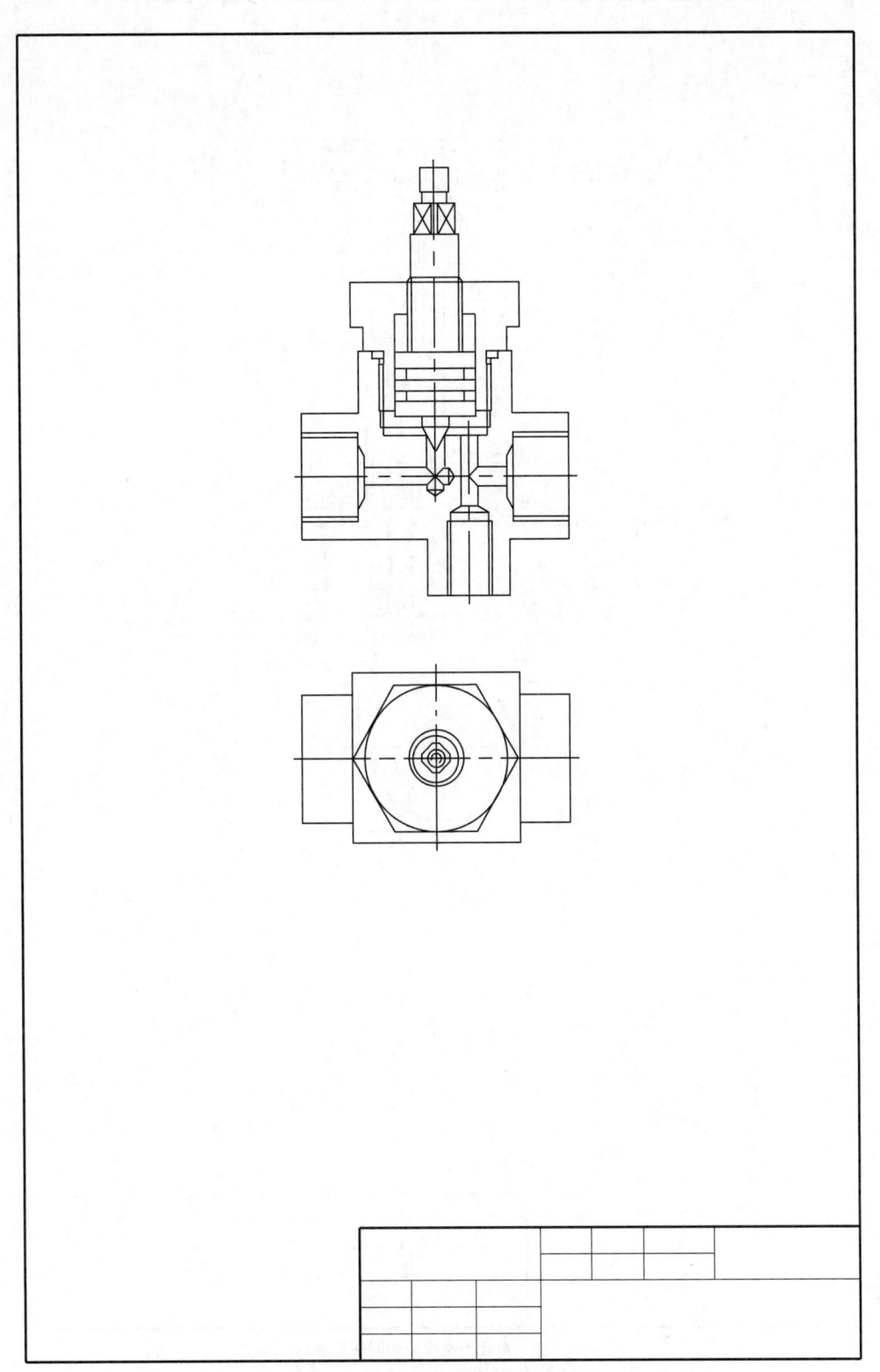

图 2-4-16　截止阀装配图的画图步骤(3)

拆去手轮等

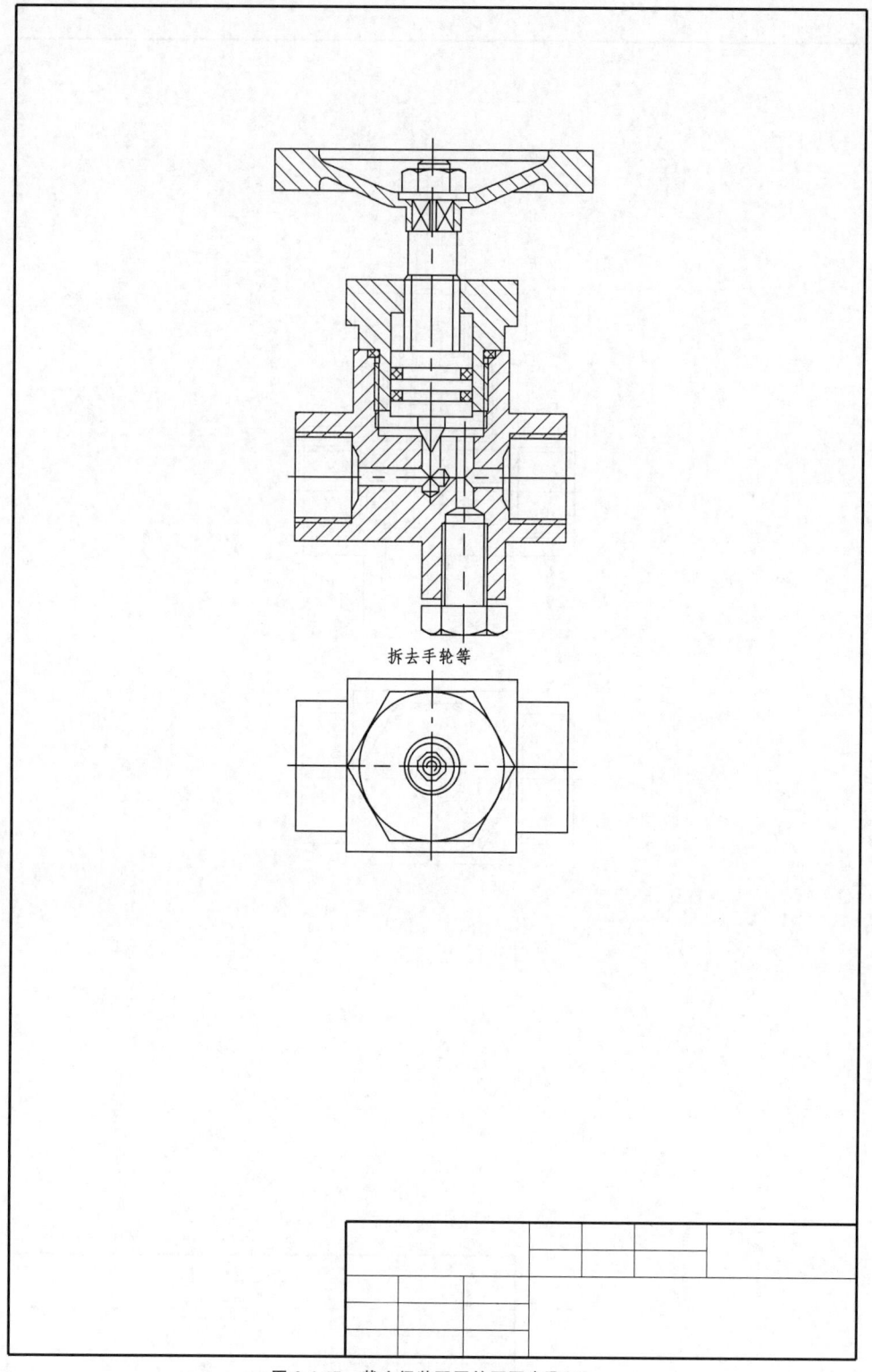

图 2-4-17　截止阀装配图的画图步骤(4)

技能篇：任务4 截止阀的测绘

9	螺钉	1	45	
8	密封圈 22×4	1	橡胶	GB/T 3452.1—2005
7	螺母 M12	1	04 级	GB/T 6170—2015
6	垫圈 12	1	200HV 级	GB/T 97.1—2002
5	手轮	1	45	
4	阀杆	1	45	
3	大螺母	1	45	
2	密封圈 40×3	2	橡胶	GB/T 3452.1—2005
1	阀体	1	HT200	
序号	名称	数量	材料	备注

截止阀　比例 1:1　共张 第张　03
质量

制图
设计　　　　　　　　××职业技术学院
审核

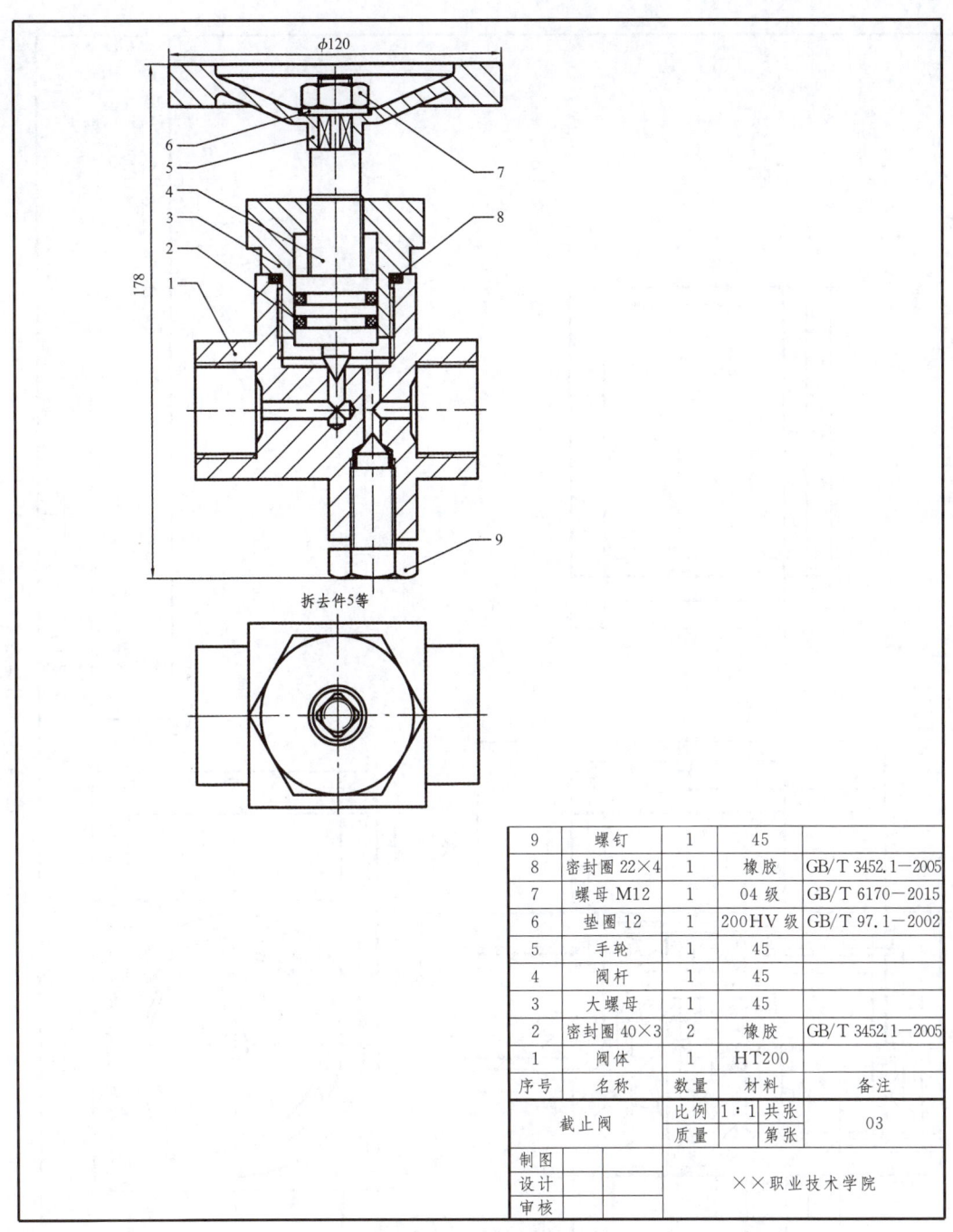

图 2-4-18　截止阀装配图

四、绘制零件图

根据装配图对零件草图进一步进行校核，然后绘制正规的零件图，根据各个零件的作用及与相关零件之间的关系，参考部件使用说明书及同类产品的有关要求，标注各零件的技术要求。截止阀中非标准件的零件图如图 2-4-19～图 2-4-23 所示。

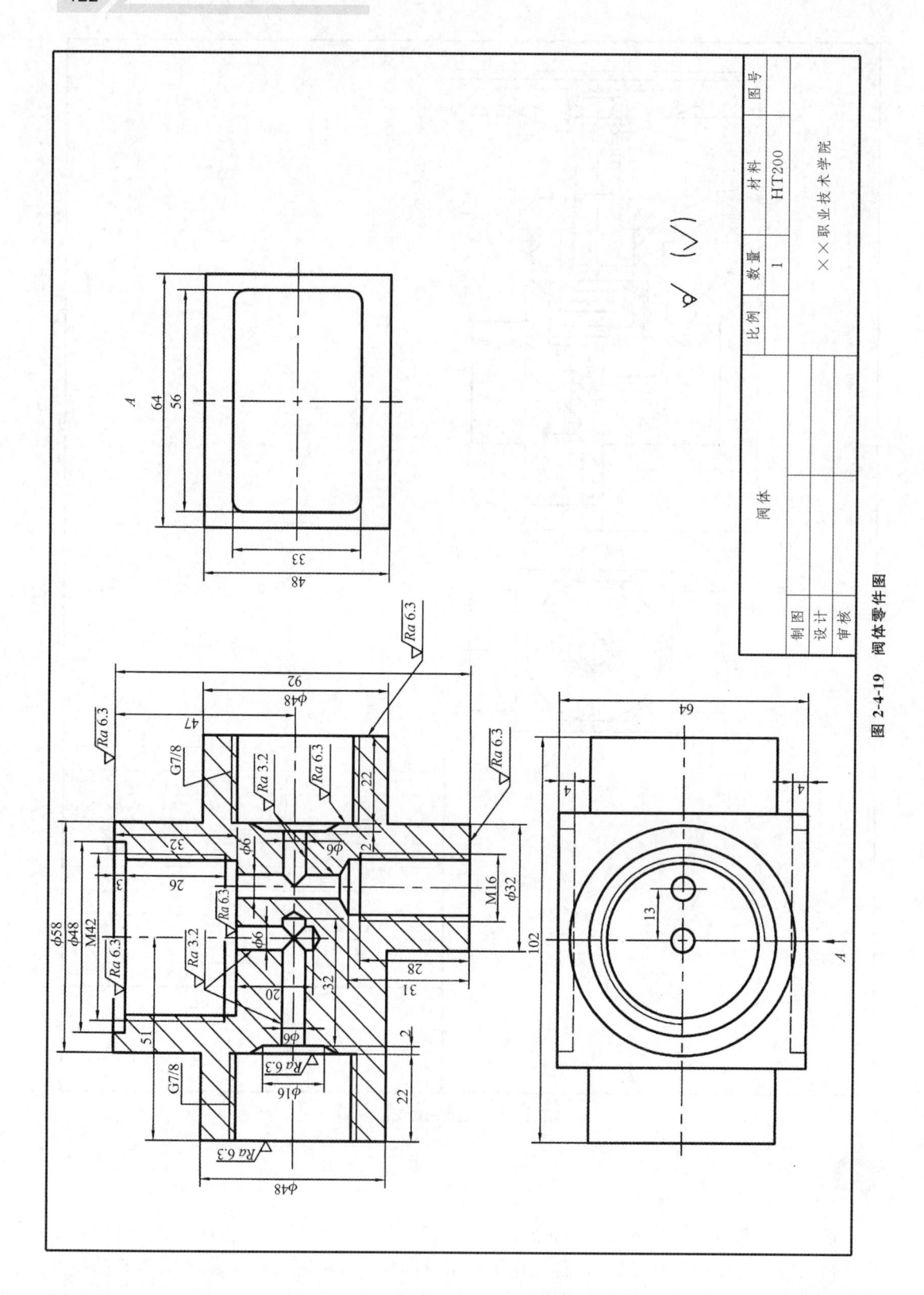

图 2-4-19 阀体零件图

图 2-4-20 阀杆零件图

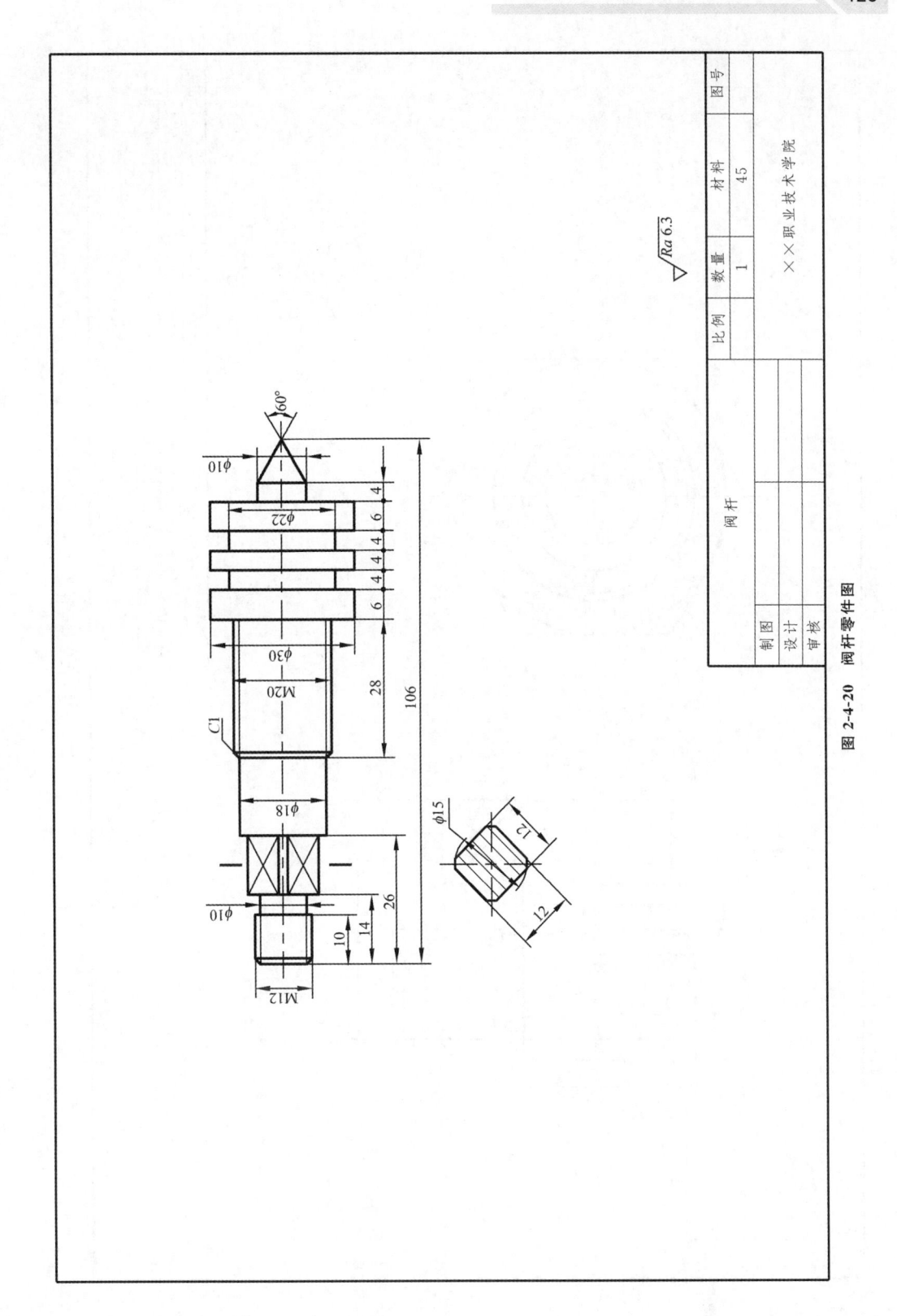

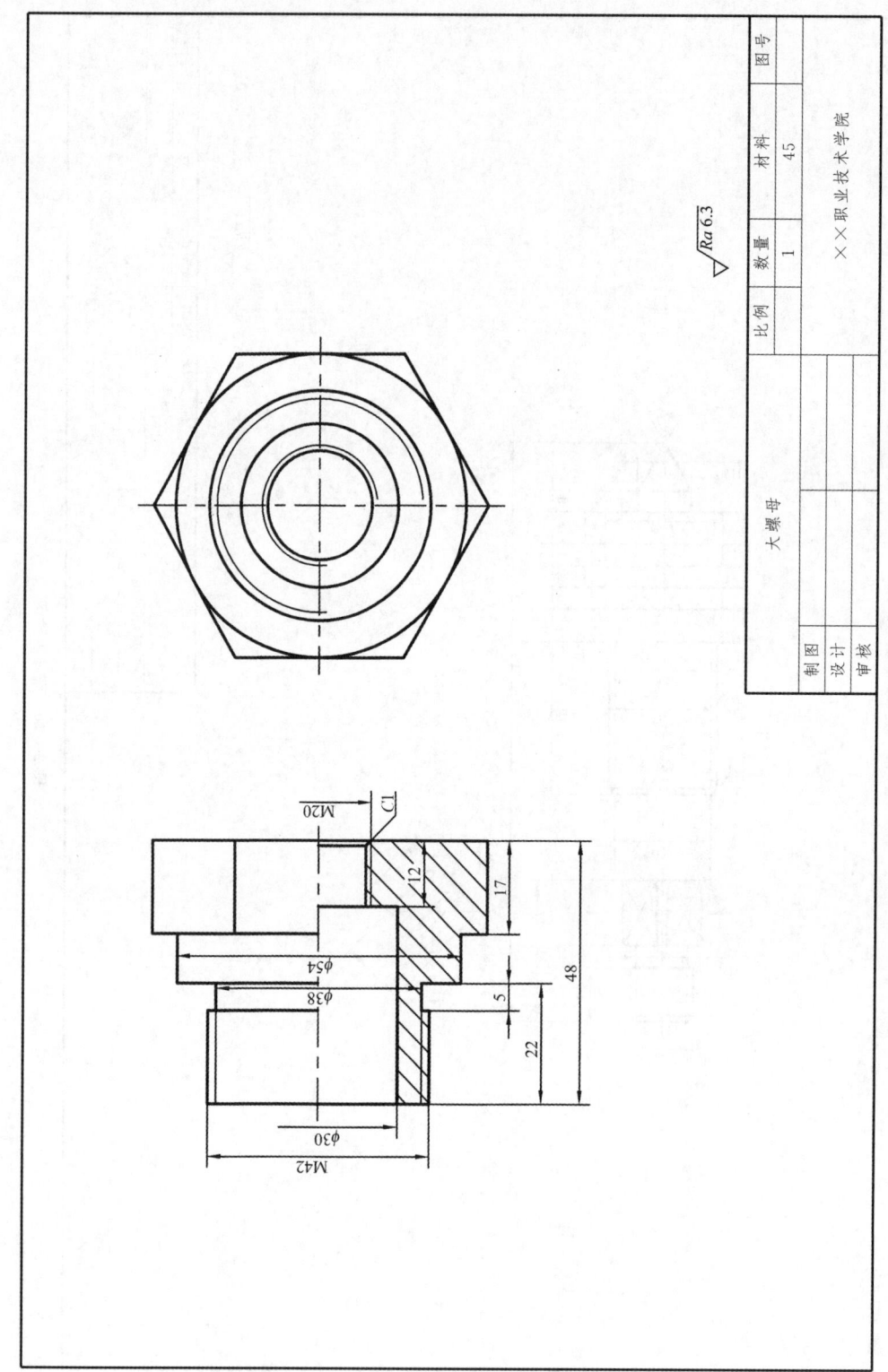

图 2-4-21 大螺母零件图

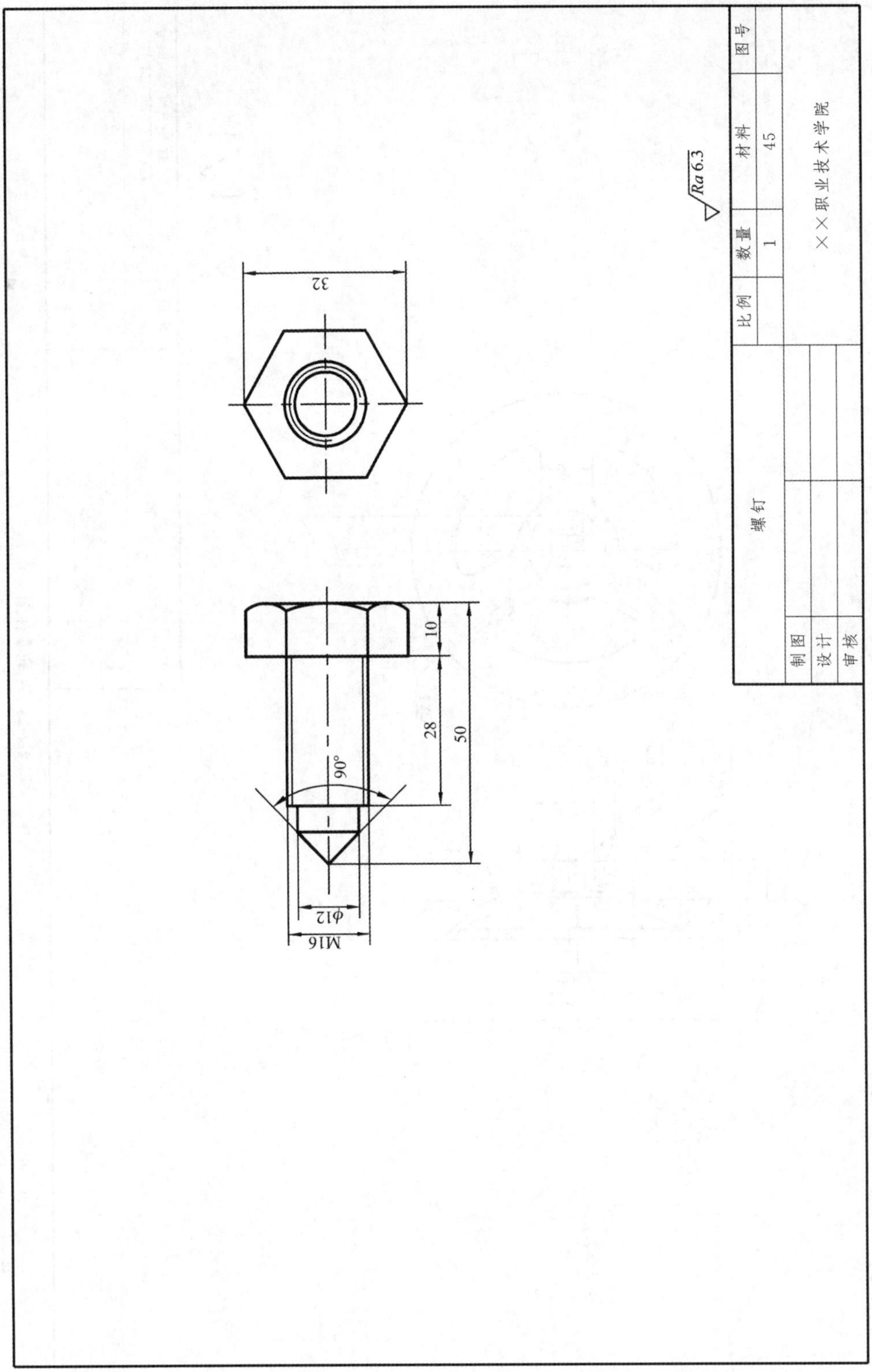

图 2-4-22 螺钉零件图

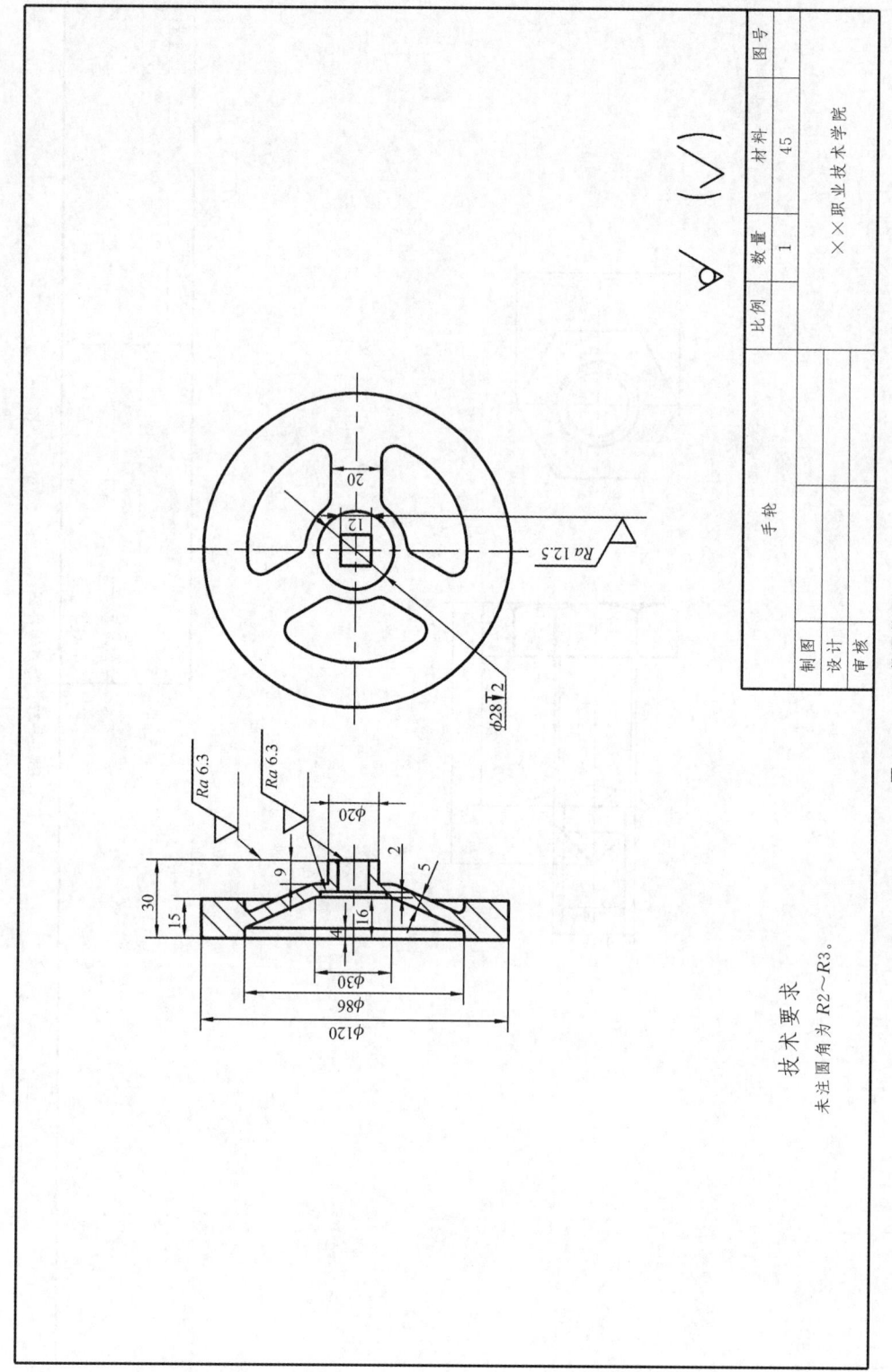

图 2-4-23 手轮零件图

拓展训练

一、填空

1. 截止阀中的阀体属于_____类零件,主视图的选择应符合_____原则。
2. 截止阀中的大螺母属于_____类零件,主视图的选择应符合_____原则。
3. 截止阀中的阀杆属于_____类零件,主视图的选择应符合_____原则。

二、简答

1. 截止阀中大螺母和阀体之间是用什么连接的?密封圈的作用是什么?
2. 简述截止阀中阀体的尺寸基准。

成果评价

截止阀测绘评价标准见表 2-4-2。

表 2-4-2　　　　　　　　　　　　截止阀测绘评价标准

姓名		组别			组长		
评价项目	考核内容	评价方法	评价标准		得分		
					自我评价	组内互评	教师评价
专业能力 70%	遵守《机械制图》和《技术制图》相关的国家标准,掌握并运用机械制图的基础知识(50%)	现场考核	图形表达 (15%)	零件图和装配图的主视图选择正确,表达方案合理。主视图选择不合理或表达方案不完整,每出现一次扣3分。图形中线型正确,错一处扣1分			
			尺寸标注 (15%)	零件图尺寸基准选择正确,尺寸标注正确、清晰、完整、合理,错一处扣1分。装配图标注必要的尺寸,缺一个扣1分			
			技术要求 (10%)	零件图标注表面粗糙度、尺寸公差和几何公差等技术要求,缺一个或错误标注一处扣1分。零件图和装配图根据需要标注文字说明的技术要求,没有标注的缺一个扣1分			
			零件序号及明细栏 (5%)	装配图要编写零件序号,绘制明细栏。没有编写零件序号或编写错误的扣3分;缺少明细栏或明细栏绘制错误的扣2分			
			图面质量 (5%)	图面清洁,布图合理。对于图面质量较差的酌情扣分			

续表

姓名		组别			组长		
评价项目	考核内容	评价方法	评价标准		得分		
					自我评价	组内互评	教师评价
专业能力 70%	熟练使用绘图工具、仪器和量具等。积极参与，准确高效地进行测绘（20%）	现场考核	优秀（20%）	积极参与，准确高效地进行测绘。全勤			
			良好（15%）	比较积极参与，准确高效地进行测绘。全勤			
			中等（10%）	比较积极参与，比较准确地进行测绘。缺课1学时			
			合格（5%）	有限参与，在同学或老师的帮助下能够进行测绘。缺课1学时以上			
			不合格（0%）	未完成任务。缺课			
团队协作 10%	进行小组合作，完成测绘任务	现场考核	团队成员之间互相沟通、交流、协作，互帮互学，工作责任心强，具备良好的群体意识和社会责任				
职业素养 10%	按照"6S"标准要求，具有良好的工作习惯	现场考核	按照"6S"标准执行，具有良好的职业道德和吃苦耐劳的精神，安全操作，规范实施				
可持续发展 10%	自主学习和探索研究能力	任务单或线上考核	对老师布置的课前预习与资料查询和课后拓展训练的达成度				

任务5
一级直齿圆柱齿轮减速器的测绘

学习目标 >>>

● 通过查阅资料,了解一级直齿圆柱齿轮减速器的用途;分析其拆卸顺序并能够拆装部件,了解其组成、工作原理及各零件之间的连接与装配关系,掌握装配示意图的绘制方法,绘制一级直齿圆柱齿轮减速器的装配示意图。

● 能够区分一级直齿圆柱齿轮减速器中的标准件和非标准件,确定标准件的规定标记;分析非标准件的结构特点和零件类别,确定表达方案,绘制零件图;根据零件的结构特点及在装配体中的作用确定零件尺寸基准,按照零件图尺寸标注要求及形体分析法标注尺寸,掌握标准直齿圆柱齿轮的测绘方法。

● 确定一级直齿圆柱齿轮减速器的表达方案,绘制其装配图。要求部件的工作原理及零件之间的连接装配关系表达清楚,进行必要的尺寸标注;根据零件之间的配合性质,参考同类产品的图纸标注配合尺寸及其他技术要求。

● 根据装配图对零件草图进一步进行校核,调整零件不合理的结构和尺寸,绘制正规的零件图。能够根据装配图中配合尺寸确定零件的尺寸公差并且加以标注,标注零件表面粗糙度和几何公差等技术要求。

问题引导 >>>

1. 一级直齿圆柱齿轮减速器的用途是什么?其工作原理是什么?
2. 一级直齿圆柱齿轮减速器的拆卸顺序是什么?
3. 一级直齿圆柱齿轮减速器有几种标准件?它们的标记是什么?

素养提升 >>>

"6S"管理之"安全":在零部件测绘过程中,要加强"安全"教育,提高"安全"意识。"安全"是将工作场所有可能造成安全事故的发生源(地面油污、过道堵塞、安全门堵塞、灭火器失效、材料和成品堆积过高有倒塌危险等)予以排除或预防。重视成员安全教育,每时每刻都有安全第一观念,防范于未然。安全是基础,要建立起安全生产的环境。所有的工作应建立在安全的前提下,要尊重生命,安全生产,人人有责。

一、了解一级直齿圆柱齿轮减速器的用途，拆卸部件，绘制装配示意图

1. 了解测绘对象

通过观察实物，参考有关图纸和说明书，了解部件的用途、性能、工作原理、装配关系和结构特点等。

图 2-5-1 所示为一级直齿圆柱齿轮减速器的组成，从图中可以看出，一级直齿圆柱齿轮减速器共由 31 种零件所组成，其中 11 种标准件，其余为非标准件。

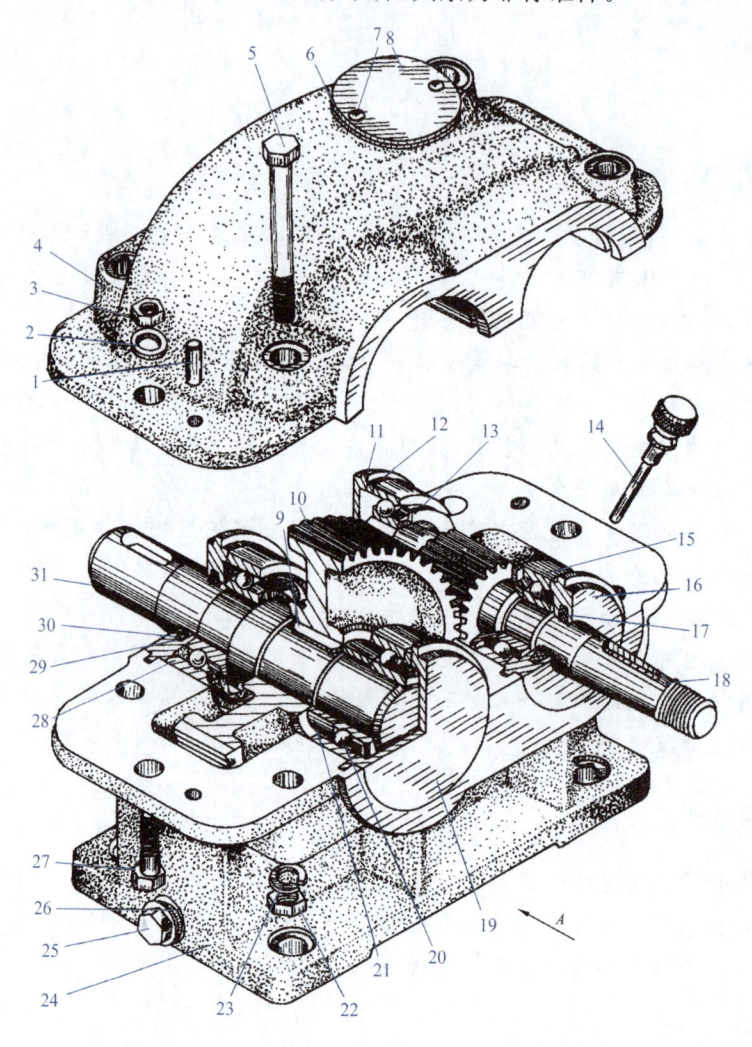

图 2-5-1 一级直齿圆柱齿轮减速器的组成

1—圆锥销；2、23、26—垫圈；3、22—螺母；4—箱盖；5、27—螺栓；6—垫片；7—盘头螺钉；8—视孔盖；9—键；
10—齿轮；11、19—端盖；12、20—调整环；13—挡油环；14—油尺；15—滚动轴承 6204；16、30—可通端盖；
17、29—油封；18—齿轮轴；21—套筒；24—箱体；25—螺塞；28—滚动轴承 6206；31—轴

减速器是通过一对直齿圆柱齿轮的啮合（以小带大）来达到减速目的的。动力从主动轴

(小齿轮轴)伸出箱体外的一端输入,通过互相啮合的一对齿轮,传动到从动轴上,从而带动工作机械转动。由于从动齿轮的齿数比主动齿轮的齿数多,所以从动轴的转速下降,达到减速的目的。因此,减速器中齿轮和转轴是关键零件,其他零件都是为这一对齿轮的正常啮合运转服务的。为了支承齿轮和转轴,就要有箱体和轴承;为了润滑,箱体就要能存油,并用箱盖和端盖等零件密封。

2. 拆卸部件和画装配示意图

一级直齿圆柱齿轮减速器的拆卸顺序是先拆下连接箱体和箱盖的螺母、垫圈和螺栓,然后将箱盖拿下,就可以将两根轴连同其上的端盖、齿轮、轴承、调整环、挡油环等组件拆下,然后再将每根轴上的零件拆下。图 2-5-2 是一级直齿圆柱齿轮减速器的装配示意图。

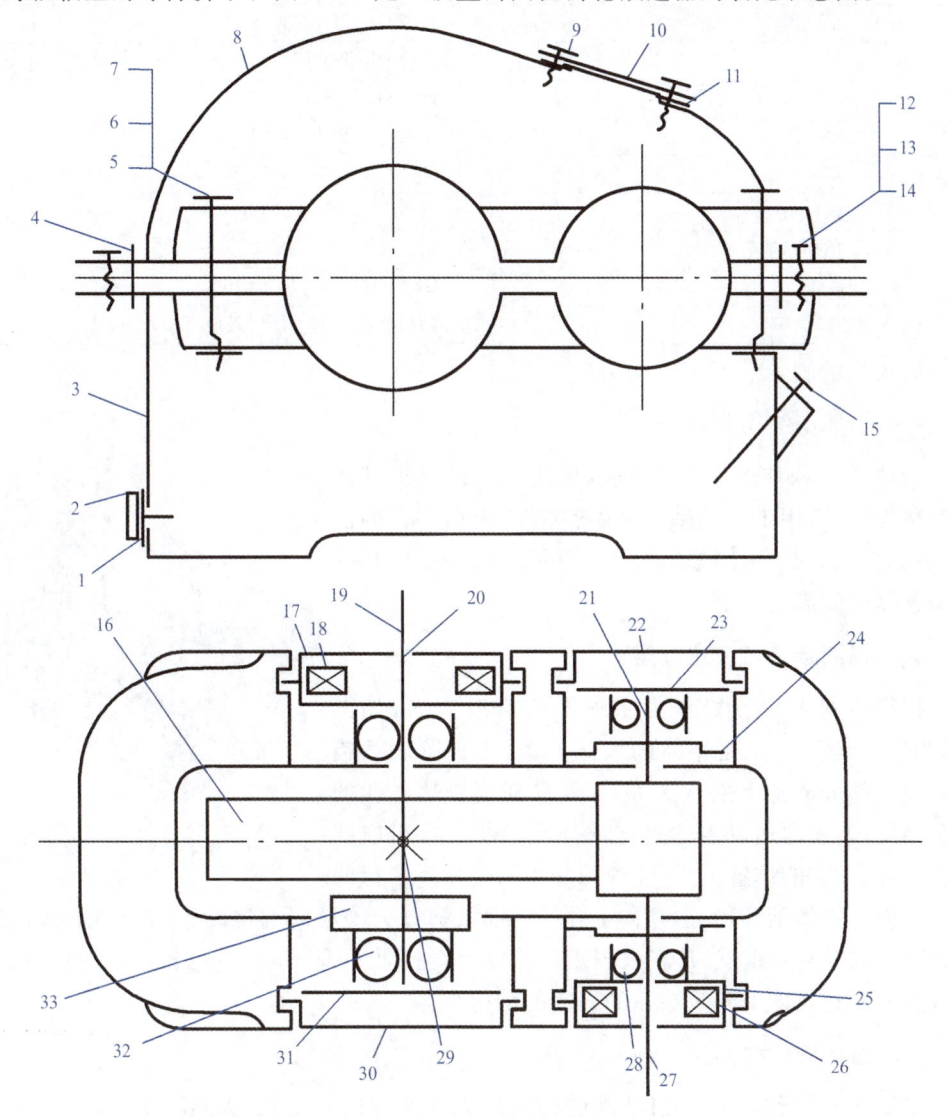

图 2-5-2 一级直齿圆柱齿轮减速器的装配示意图

1、7、14—垫圈;2—螺塞;3—箱体;4—圆锥销;5、12—螺栓;6、13—螺母;8—箱盖;9—盘头螺钉;10—视孔盖;11—垫片;15—油尺;16—齿轮;17、25—可通端盖;18、26—油封;19—从动轴;20—轴;21—齿轮轴;22、30—端盖;23、31—调整环;24—挡油环;27—主动轴;28—滚动轴承6204;29—键;32—滚动轴承6206;33—套筒

二、绘制一级直齿圆柱齿轮减速器非标准件的零件草图

通过对一级直齿圆柱齿轮减速器各零件的分析得知,一级直齿圆柱齿轮减速器有 11 种标准件,其标记见表 2-5-1。对于非标准件,要进行测绘,并且画出零件草图。

表 2-5-1　　　　　　　　　一级直齿圆柱齿轮减速器中的标准件

名　称	数　量	规定标记
螺　栓	2	螺栓 GB/T 5782—2016 M8×25
螺　母	2	螺母 GB/T 6170—2015 M8
垫　圈	2	垫圈 GB/T 93—1987 8
螺　栓	4	螺栓 GB/T 5782—2016 M10×65
螺　母	4	螺母 GB/T 6170—2015 M10
垫　圈	4	垫圈 GB/T 93—1987 10
螺　钉	2	螺钉 GB/T 67—2016 M3×10
圆锥销	2	销 GB/T 117—2000 3×18
滚动轴承 6206	2	滚动轴承 6206 GB/T 276—2013
键	4	GB/T 1096—2003 键 10×8×22
滚动轴承 6204	2	滚动轴承 6204 GB/T 276—2013

1. 箱体的测绘

(1)箱体的结构分析

箱体的结构如图 2-5-3 所示,从图中可以看出其属于箱体类零件,用于容纳轴、齿轮等零件,根据工作的需要,其上加工有凸台、肋板、螺栓孔、销孔、螺塞孔、油尺孔及减速器的安装孔。

(2)视图选择与表达方案

以箱体的工作位置作为主视图的投射方向,如图 2-5-3 所示。图 2-5-4 是箱体的表达方案:主视图表达箱体各组成部分的上下层次关系,5 处局部剖表达各孔的内部结构;俯视图用以表达箱体的外部形状及各组成部分的前后、左右的位置关系;左视图是用两个相互平行的

图 2-5-3　箱体的结构及主视图方向的选择

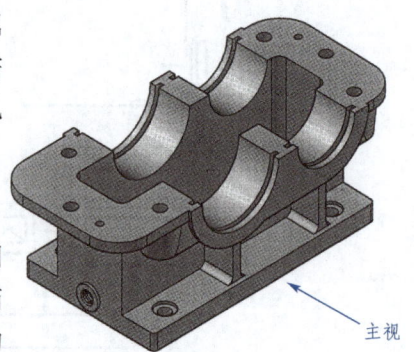

剖切平面将箱体剖开,表达箱体上孔的内部结构;D—D 局部剖视图表达箱体上螺栓连接处凸缘部分的结构及形状;E 斜视图表达箱体上安装油尺部分端面的结构形状;另外用一个局部放大图表达箱体上安装端盖的凹槽的结构。

(3)箱体的尺寸标注

如图 2-5-5 所示,以 ϕ62K7 孔的轴线作为长度方向主要尺寸基准,ϕ62K7 与 ϕ47K7 孔的中心距 70±0.06 是一个重要尺寸,决定两个齿轮啮合的中心距,所以应该直接注出;宽度方向以箱体的前后对称平面为尺寸基准,标注尺寸 100、23、74、104、78、40、96 等;高度方向以箱体的底面为尺寸基准,标注尺寸 10、43、80 等。其他尺寸读者自行分析。

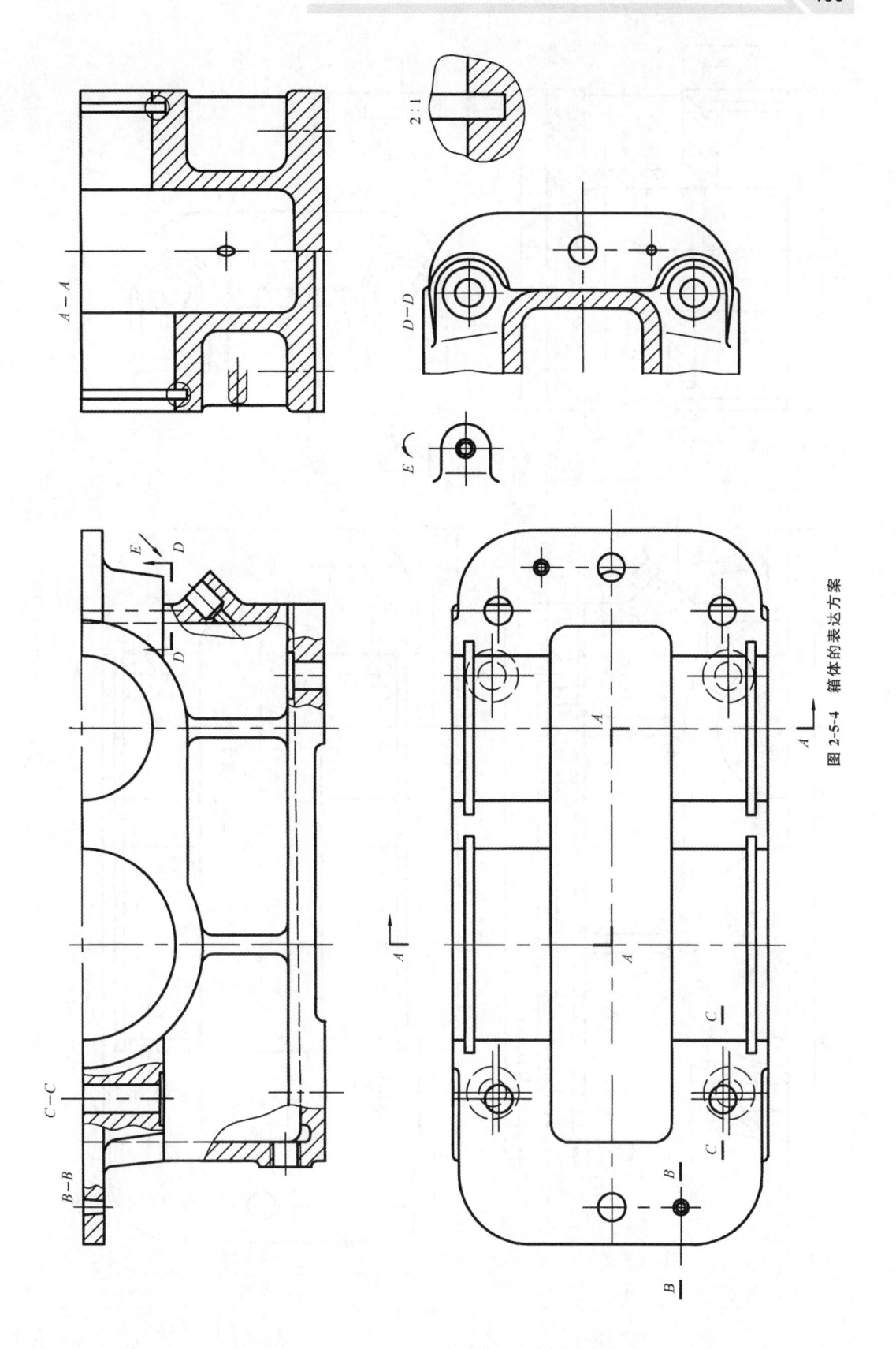

图 2-5-4 箱体的表达方案

图 2-5-5 箱体的尺寸标注

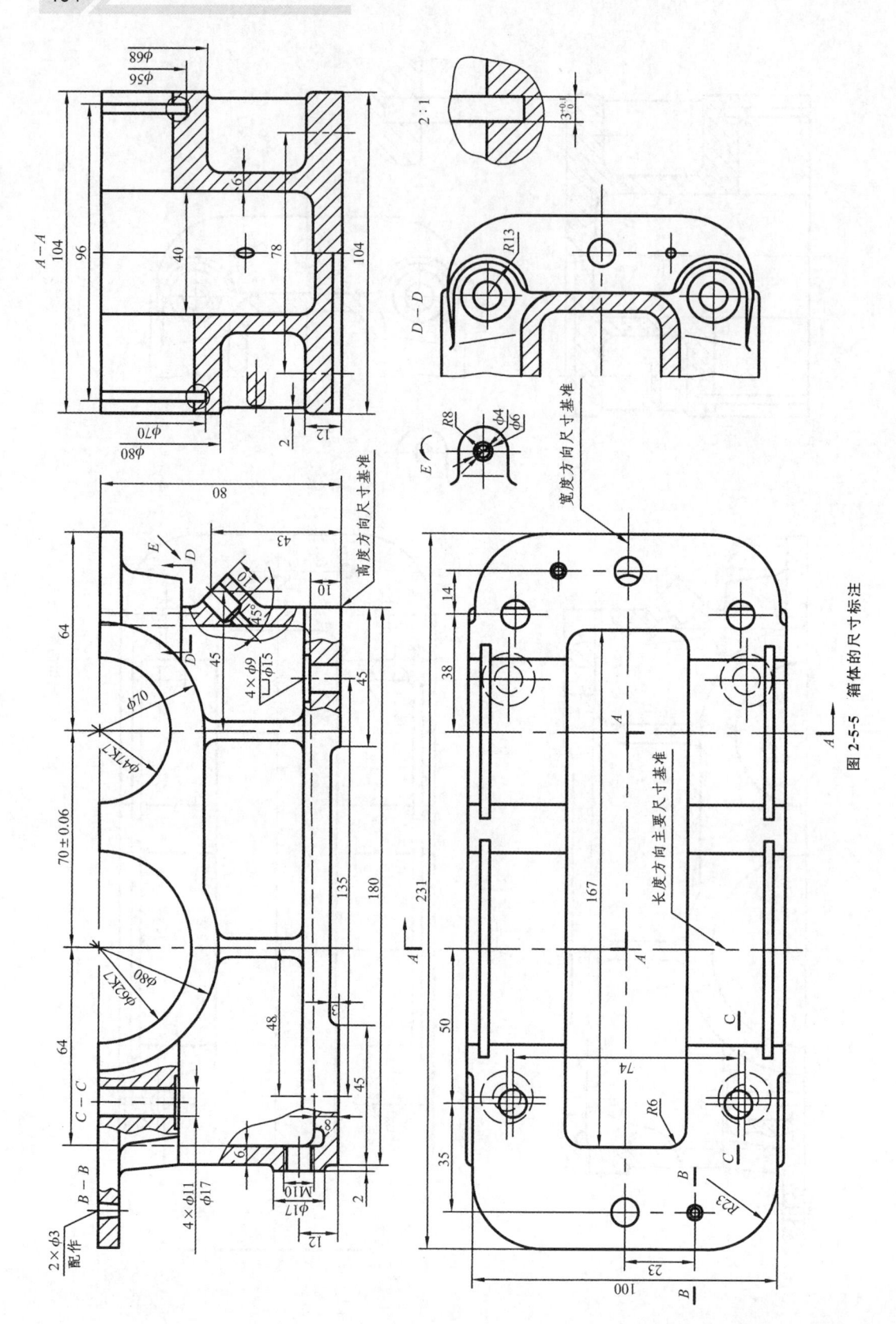

2. 箱盖的测绘

(1) 箱盖的结构分析

箱盖的结构如图 2-5-6 所示,从图中可以看出其属于箱体类零件,用于容纳轴、齿轮等零件,根据工作的需要,其上加工有凸台、肋板、螺栓孔、销孔等结构。

(2) 视图选择与表达方案

以箱盖的工作位置作为主视图的投射方向,如图 2-5-6 所示。图 2-5-7 是箱盖的表达方案:主视图表达箱盖各组成部分的上下、左右层次关系,4 处局部剖表达各孔的内部结构;俯视图用以表达箱盖的外部形状及各组成部分的前后、左右的位置关系;左视图是用两个相互平行的剖切平面将箱盖剖开,表达箱盖上孔的内部结构。

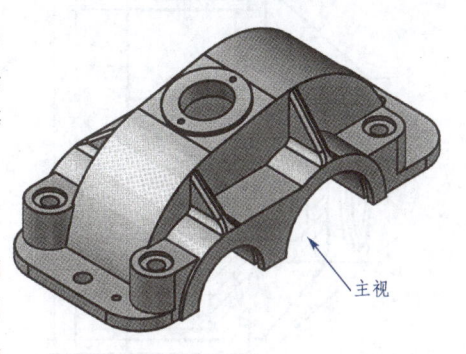

图 2-5-6 箱盖的结构及主视图方向的选择

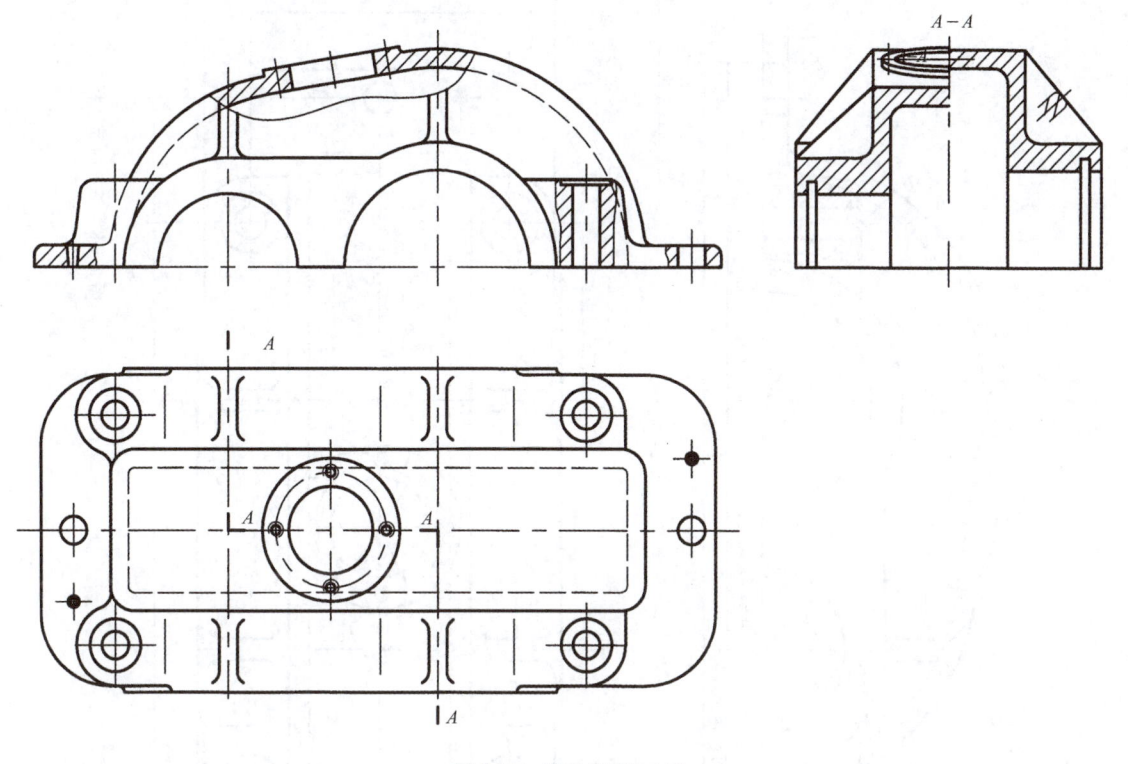

图 2-5-7 箱盖的表达方案

(3) 箱盖的尺寸标注

如图 2-5-8 所示,以 $\phi 62K7$ 孔的轴线作为长度方向主要尺寸基准,$\phi 62K7$ 与 $\phi 47K7$ 孔的中心距 70 ± 0.06 是一个重要尺寸,决定两个齿轮啮合的中心距,所以应该直接注出;宽度方向以箱盖的前后对称平面作为主要尺寸基准,标注尺寸 23、74、100、104、40、52 等;高度方向以箱盖的底面作为主要尺寸基准,标注尺寸 7、28、67 等。其他尺寸读者自行分析。

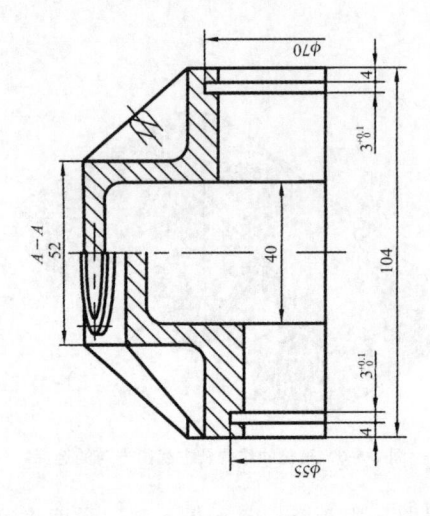

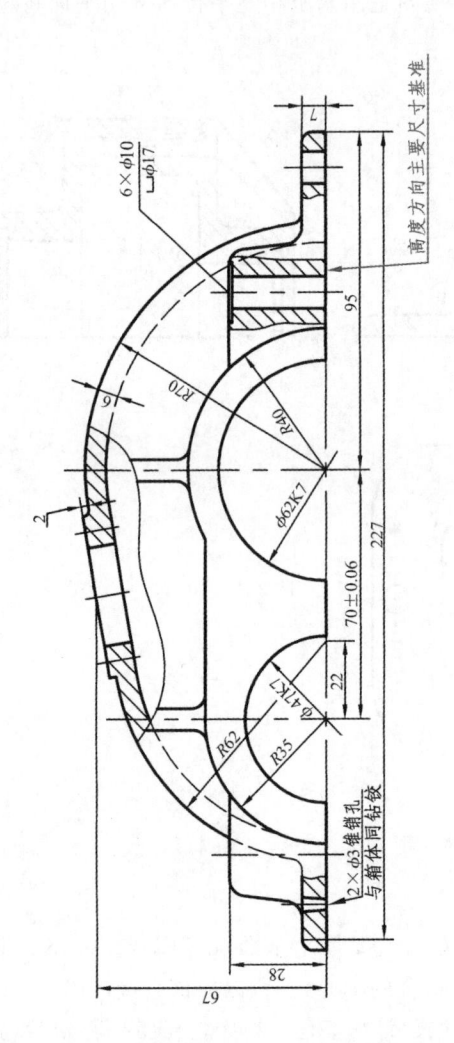

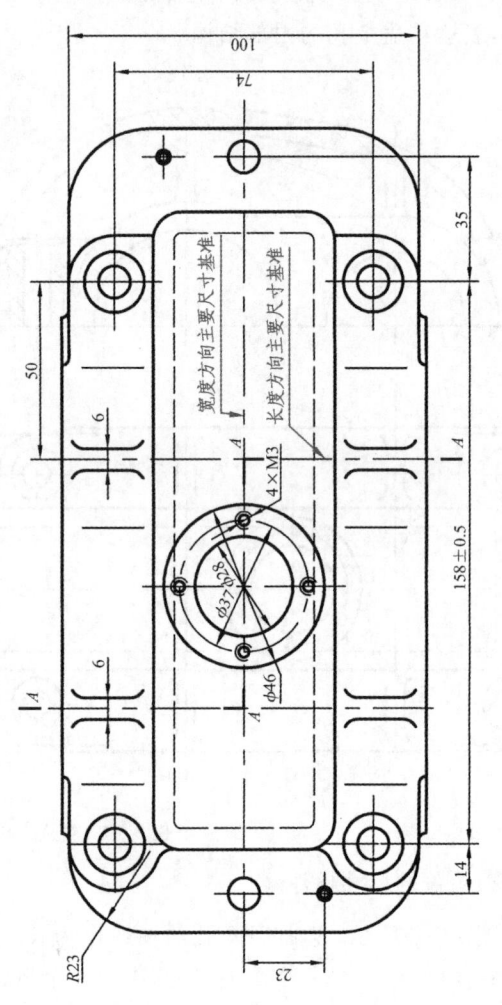

图 2-5-8 箱盖的尺寸标注

3. 齿轮的测绘

(1) 齿轮的结构分析

齿轮的结构如图 2-5-9 所示,从图中可以看出齿轮属于轮盘类零件,根据工作的需要,其上加工有键槽结构。

(2) 视图选择与表达方案

以图 2-5-9 所示的方向为主视图的投射方向,符合轮盘类零件加工位置的要求。图 2-5-10 是齿轮的表达方案,主视图采用全剖视图表达齿轮轮齿部分的结构及轮毂孔的结构,局部视图主要表达键槽的结构。

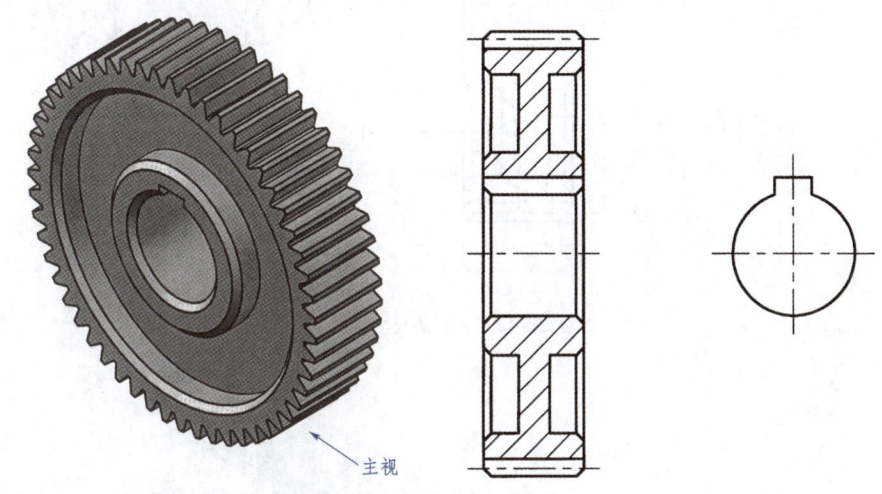

图 2-5-9 齿轮的结构及主视图方向的选择

图 2-5-10 齿轮的表达方案

(3) 齿轮参数的确定及尺寸标注

数出齿轮的齿数 $z=55$,根据基础篇任务 1 所述齿轮的测量方法测得齿顶圆的直径 $d_a=114$ mm,则

$m=d_a/(z+2)=114/(55+2)=2$ mm

$d=mz=2\times 55=110$ mm

$d_f=m(z-2.5)=2\times(55-2.5)=105$ mm

如图 2-5-11 所示,以轴线为径向尺寸基准标注径向尺寸,如 $\phi 114$、$\phi 110$、$\phi 52$、$\phi 92$、$\phi 32H8$ 等;以齿轮左右对称平面为轴向尺寸基准,标注齿轮的宽度尺寸 $26_{-0.1}^{0}$ 及辐板的宽度尺寸 8 等,为了测量方便,键槽的深度尺寸要标注键槽底面到轮毂孔边缘的尺寸 35.3。其他尺寸读者自行分析。

4. 齿轮轴的测绘

(1) 齿轮轴的结构分析

齿轮轴的结构如图 2-5-12 所示,从图中可以看出齿轮轴属于轴套类零件,根据工作的需要,其上加工有轮齿、键槽、螺纹等结构。

(2) 视图选择与表达方案

以图 2-5-12 所示的方向为主视图的投射方向,符合齿轮轴加工位置的要求。图 2-5-13 是齿轮轴的表达方案，主视图采用局部剖视图表达轮齿部分的结构，$A-A$ 移出断面图主要表达键槽的结构。

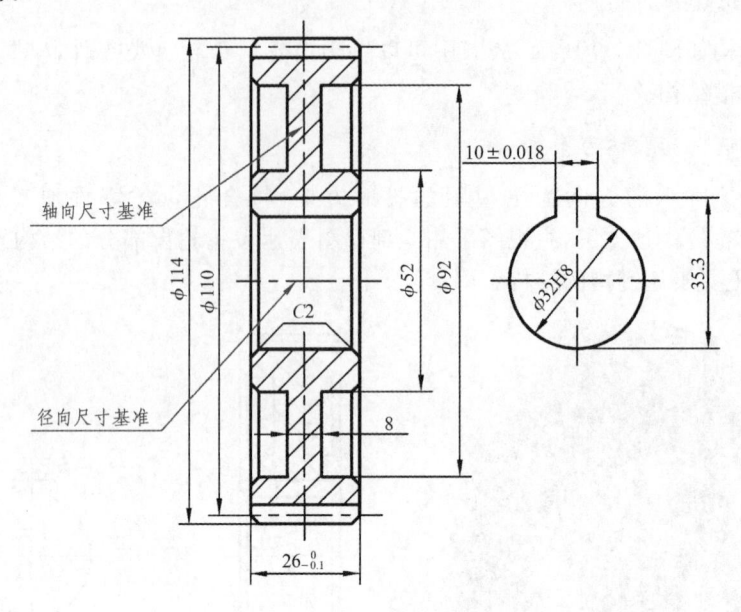

图 2-5-11　齿轮的尺寸标注

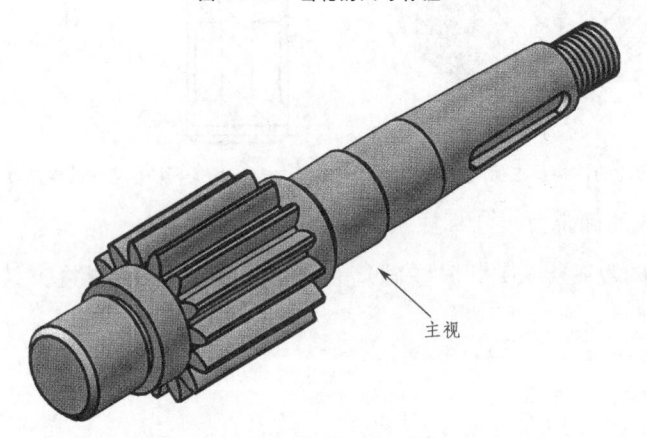

图 2-5-12　齿轮轴的结构及主视图方向的选择

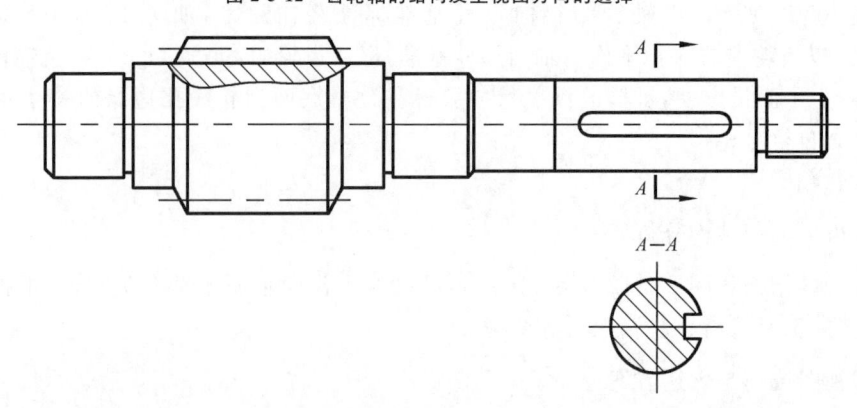

图 2-5-13　齿轮轴的表达方案

(3)齿轮轴参数的确定及尺寸标注

数出齿轮轴的齿数 $z=15$，根据一对相互啮合的齿轮模数相等的原理，齿轮的模数 $m=2$ mm，则

$$d=mz=2\times 15=30 \text{ mm}$$
$$d_a=m(z+2)=2\times(15+2)=34 \text{ mm}$$
$$d_f=m(z-2.5)=2\times(15-2.5)=25 \text{ mm}$$

如图 2-5-14 所示，以轴线为径向尺寸基准标注径向尺寸，如 $\phi 20m6$、$\phi 24$、$\phi 30$、$\phi 34$、$\phi 18$、M12 等；以 $\phi 24$ 轴段左端面作为轴向主要尺寸基准，标注齿轮轴轴向尺寸 18、$2\times\phi 18$、8、$50_{-0.1}^{0}$。其他尺寸读者自行分析。

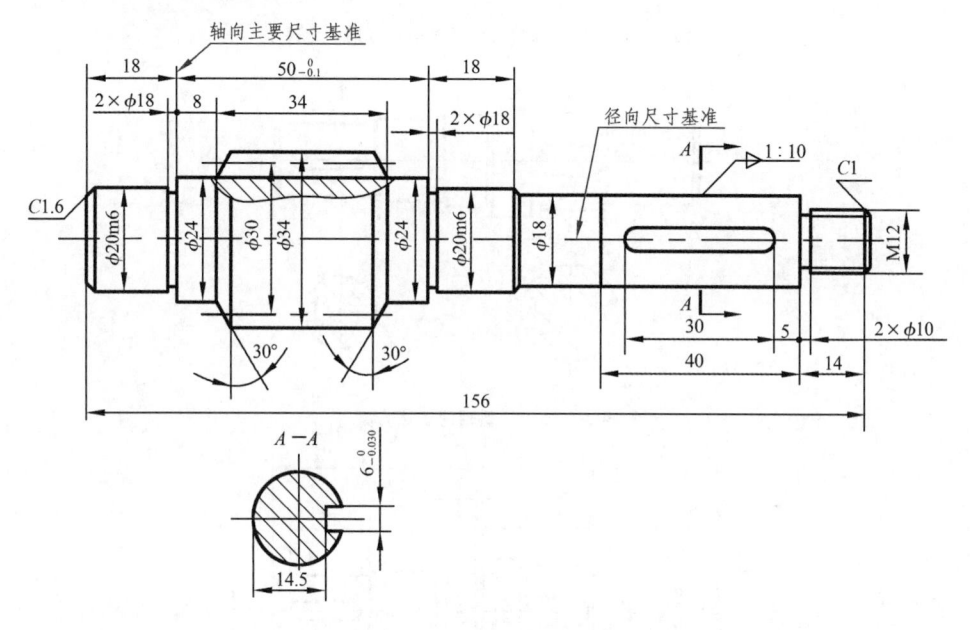

图 2-5-14 齿轮轴的尺寸标注

5. 从动轴的测绘

(1)从动轴的结构分析

从动轴的结构如图 2-5-15 所示，从图中可以看出从动轴属于轴套类零件，根据工作的需要，其上加工有键槽、倒角及圆角等结构。

(2)视图选择与表达方案

以图 2-5-15 所示的方向为主视图的投射方向，符合从动轴加工位置的要求。图 2-5-16 是从动轴的表达方案：主视图表达从动轴各段的形状及键槽的位置和结构特征；两个移出断面图表达键槽的结构。

(3)从动轴的尺寸标注

如图 2-5-17 所示，以轴线为径向尺寸基准标注径向尺寸，如 $\phi 30m6$、$\phi 32k7$、$\phi 36$、$\phi 27$、$\phi 24$ 等；以 $\phi 36$ 轴段左端面为轴向主要尺寸基准，标注轴向尺寸 56、25 及键槽的定位尺寸 2 等。其他尺寸读者自行分析。

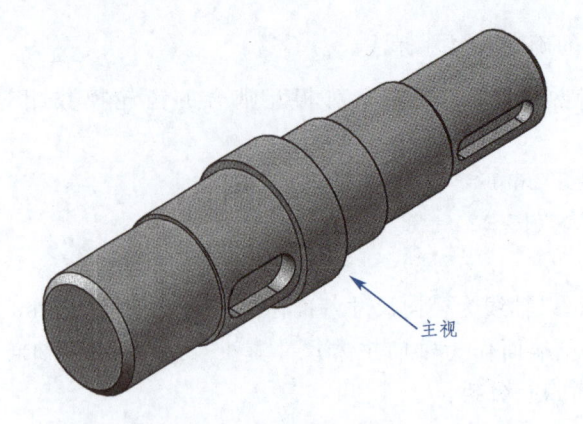

图 2-5-15　从动轴的结构及主视图方向的选择

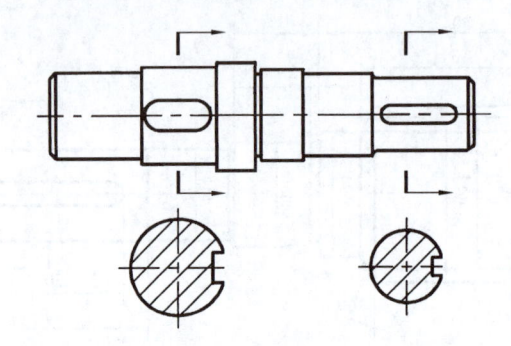

图 2-5-16　从动轴的表达方案

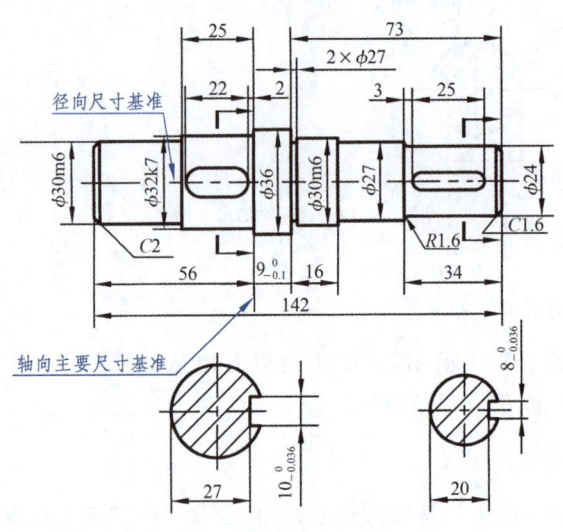

图 2-5-17　从动轴的尺寸标注

二、绘制一级直齿圆柱齿轮减速器装配图

1. 一级直齿圆柱齿轮减速器装配图的视图选择

以图 2-5-1 所示的 A 方向为主视图的投射方向,如图 2-5-18 所示,主视图中采用 6 处局

部剖表达螺塞、螺栓、圆锥销、油尺、视孔盖等的连接关系及工作原理；俯视图采用沿箱体和箱盖结合面剖开的方法，表达主动轴系和从动轴系上零件的位置、连接关系，俯视图能更清楚地表达减速器的工作原理，A 局部视图表达减速器安装孔的结构、尺寸及螺塞的位置。

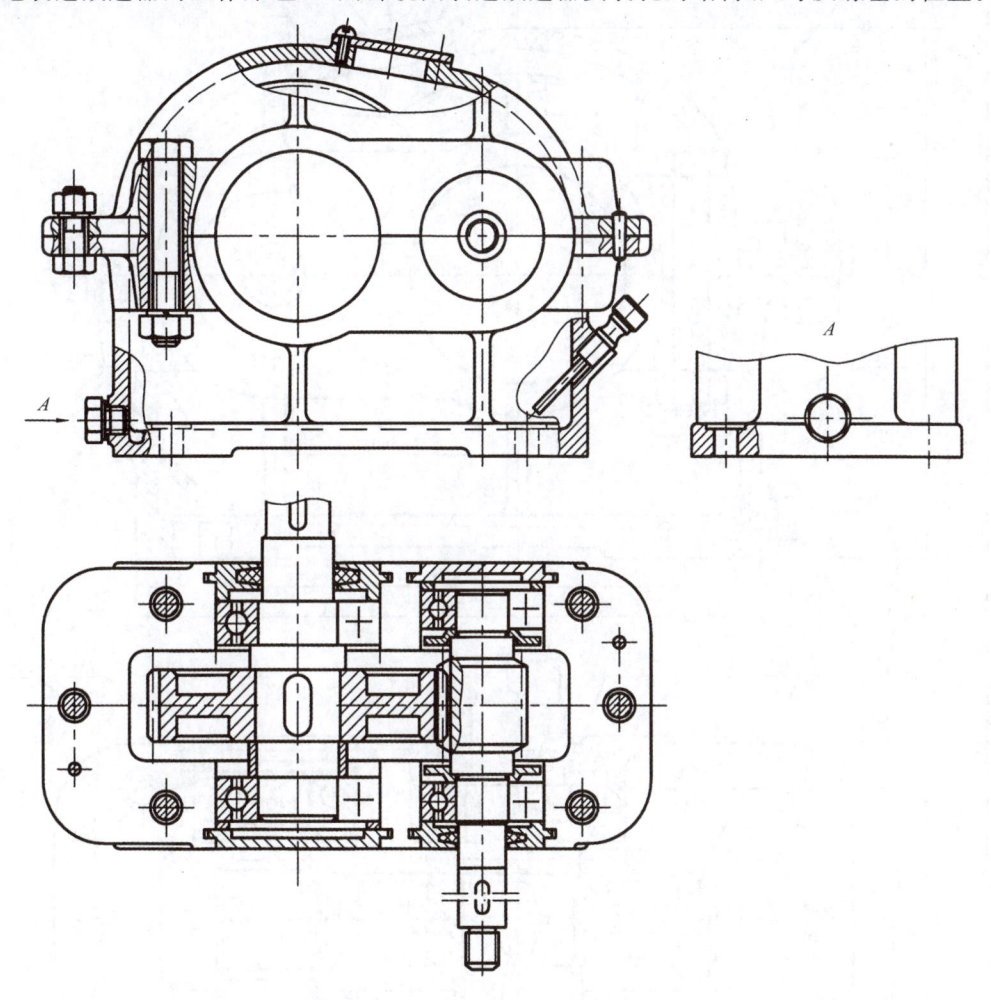

图 2-5-18　一级直齿圆柱齿轮减速器的表达方案

2. 装配图的画图步骤
(1)画出各基本视图的中心线和作图基准线。
(2)画主视图中箱体和箱盖的主要轮廓。
(3)画俯视图中齿轮的投影。
(4)画俯视图两轴上各零件的投影。
(5)绘制螺栓连接、销连接、视孔盖连接、螺塞连接和油尺连接的图形。
(6)注写尺寸及编写零件序号，检查核对后描深。
(7)填写标题栏和明细栏，注写技术要求，完成的装配图如图 2-5-19 所示。

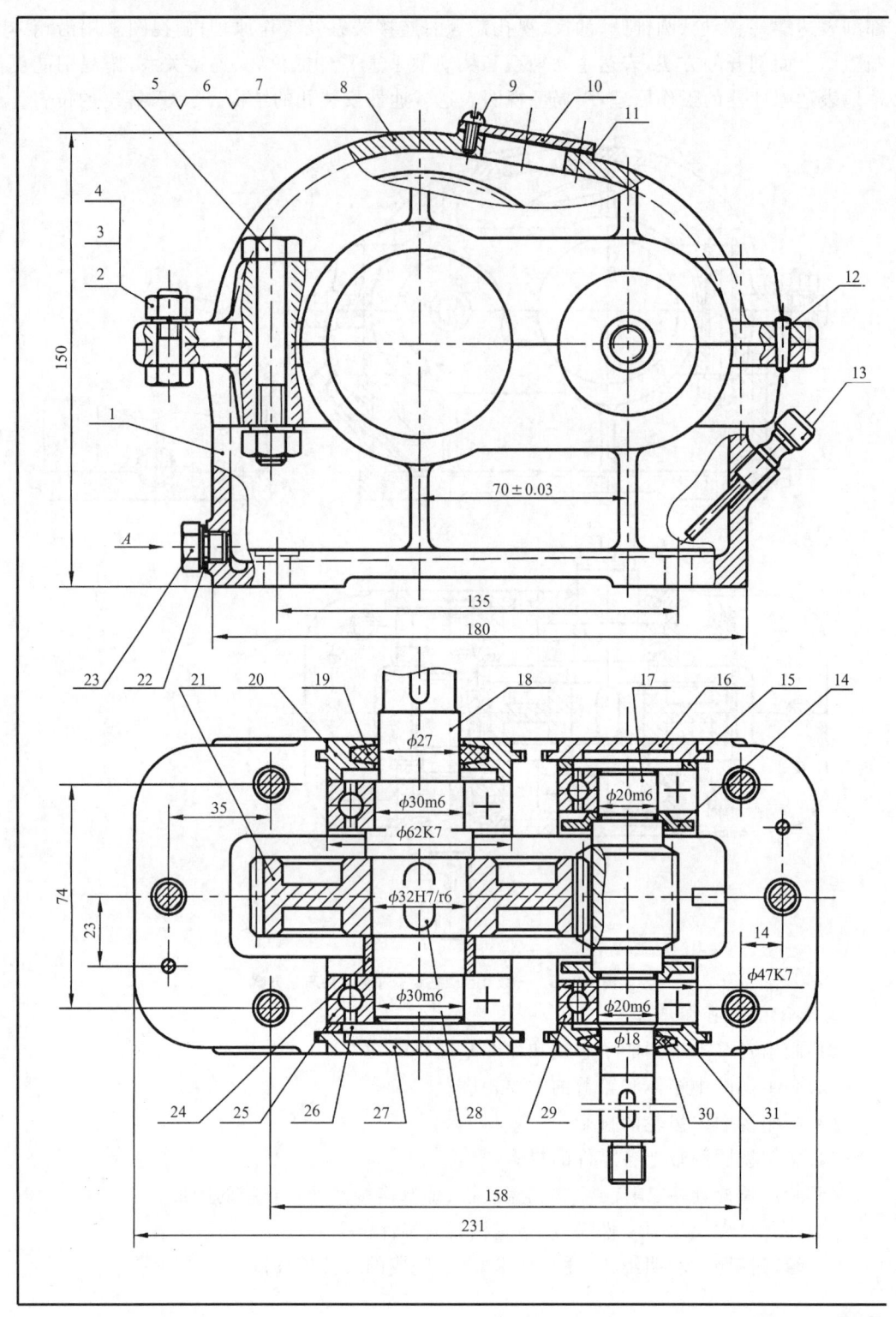

图 2-5-19 一级直齿圆

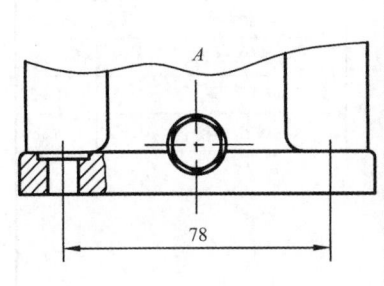

31	可通端盖	1	HT200	
30	油封	1	毛毡	
29	滚动轴承6204	2	组合件	GB/T 276—2013
28	键10×8×22	4	Q235	GB/T 1096—2003
27	端盖	1	HT200	
26	调整环	1	Q235	
25	滚动轴承6206	2	组合件	GB/T 276—2013
24	套筒	1	Q235	
23	螺塞	1	Q235	
22	垫圈	1	石棉橡胶纸	
21	齿轮	1	35SiMn	
20	可通端盖	1	HT200	
19	油封	1	毛毡	
18	从动轴	1	45	
17	齿轮轴	1	35SiMn	
16	端盖	1	HT200	
15	调整环	1	Q235	
14	挡油环	2	Q235	
13	油尺	1	Q235	
12	销3×18	2	45	GB/T 117—2000
11	垫片	1	衬垫石棉板	
10	视孔盖	1	Q235	
9	螺钉M3×10	2	4.8级	GB/T 67—2016
8	箱盖	1	HT200	
7	垫圈10	4	65Mn	GB/T 93—1987
6	螺母M10	4	8级	GB/T 6170—2015
5	螺栓M10×65	4	8.8级	GB/T 5782—2016
4	垫圈8	2	65Mn	GB/T 93—1987
3	螺母M8	2	8级	GB/T 6170—2015
2	螺栓M8×25	2	8.8级	GB/T 5782—2016
1	箱体	1	HT200	
序号	名称	数量	材料	备注

柱齿轮减速器装配图

四、绘制零件图

根据装配图对零件草图进一步进行校核，然后绘制正规的零件图，根据各个零件的作用及与相关零件之间的关系，参考部件使用说明书及同类产品的有关要求，标注各零件的技术要求。一级直齿圆柱齿轮减速器中非标准件的零件图，如图 2-5-20～图 2-5-27 所示。

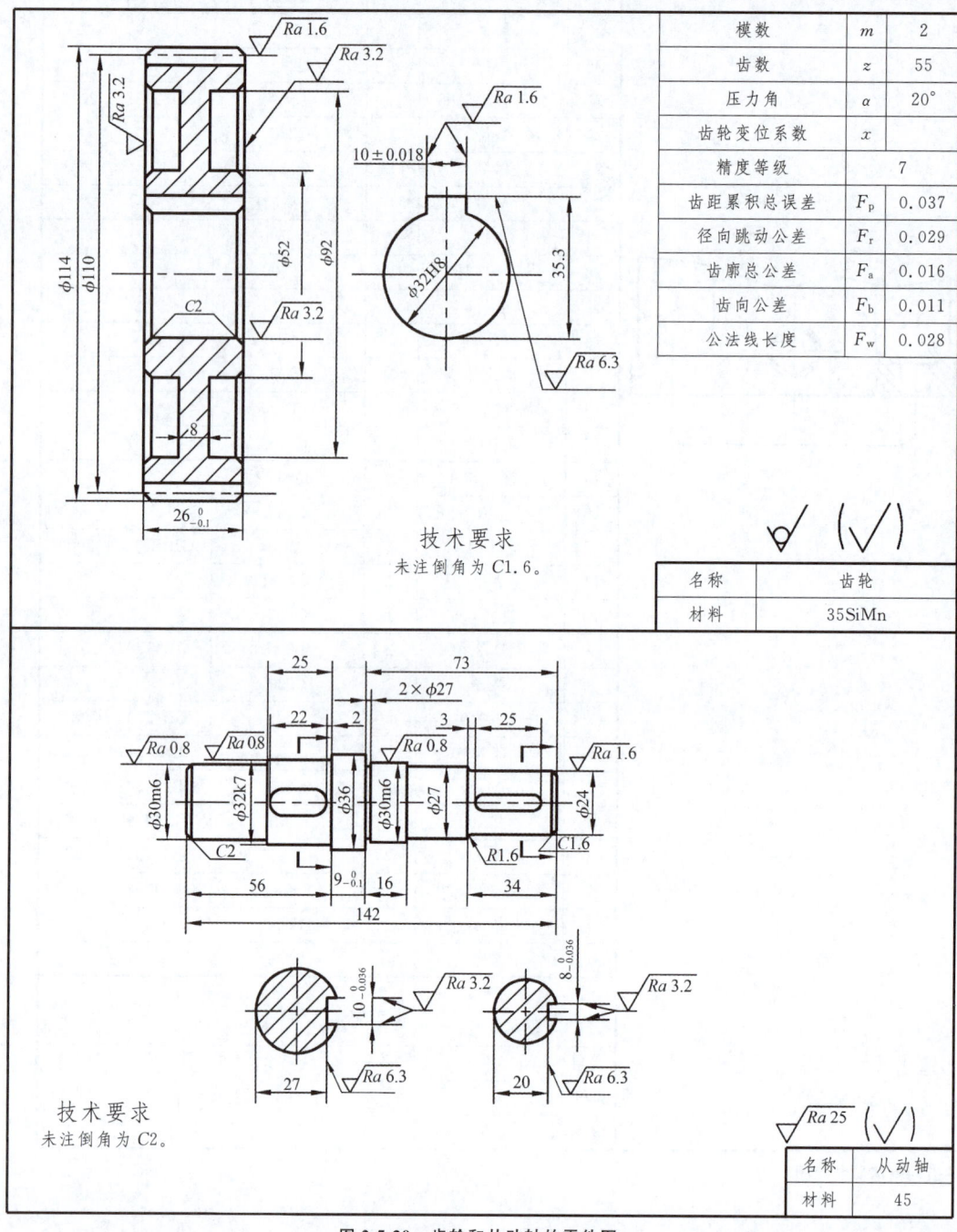

模数	m	2
齿数	z	55
压力角	α	20°
齿轮变位系数	x	
精度等级		7
齿距累积总误差	F_p	0.037
径向跳动公差	F_r	0.029
齿廓总公差	F_a	0.016
齿向公差	F_b	0.011
公法线长度	F_w	0.028

技术要求
未注倒角为 C1.6。

名称	齿轮
材料	35SiMn

技术要求
未注倒角为 C2。

名称	从动轴
材料	45

图 2-5-20　齿轮和从动轴的零件图

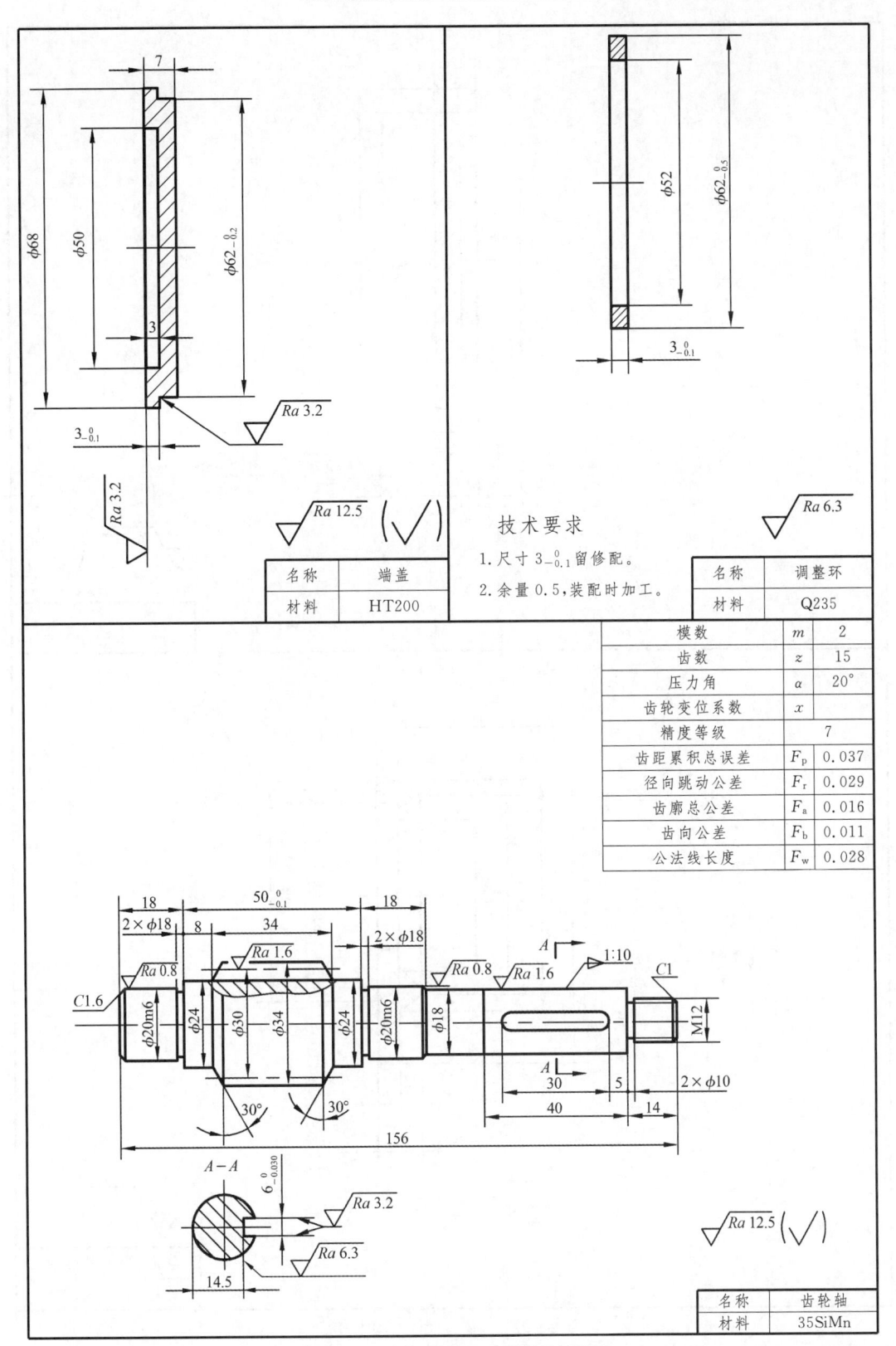

技能篇：任务5 一级直齿圆柱齿轮减速器的测绘

名称	端盖
材料	HT200

技术要求
1. 尺寸 $3_{-0.1}^{0}$ 留修配。
2. 余量 0.5，装配时加工。

名称	调整环
材料	Q235

模数	m	2
齿数	z	15
压力角	α	20°
齿轮变位系数	x	
精度等级		7
齿距累积总误差	F_p	0.037
径向跳动公差	F_r	0.029
齿廓总公差	F_a	0.016
齿向公差	F_b	0.011
公法线长度	F_w	0.028

名称	齿轮轴
材料	35SiMn

图 2-5-21 端盖、调整环、齿轮轴的零件图

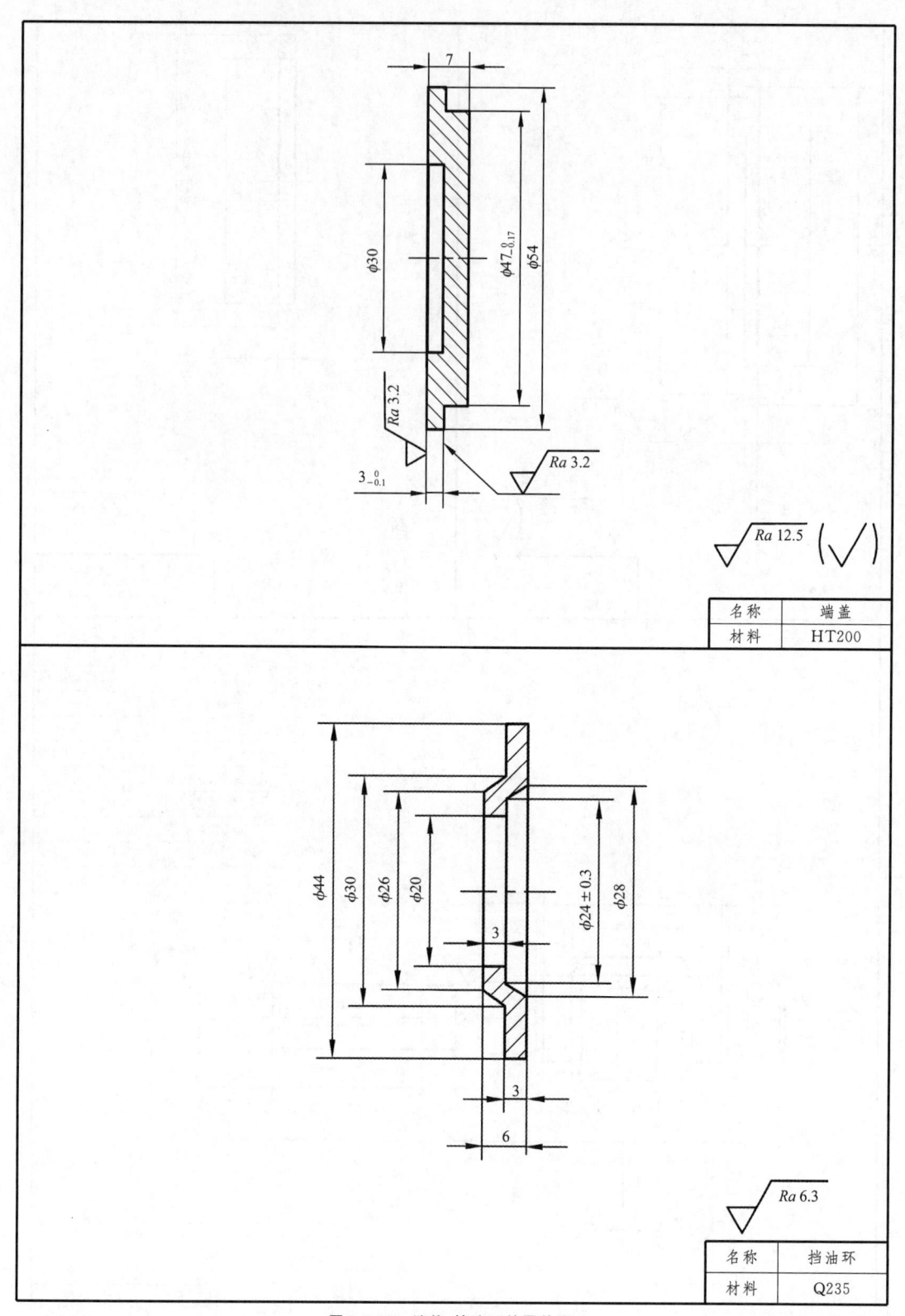

图 2-5-22　端盖、挡油环的零件图

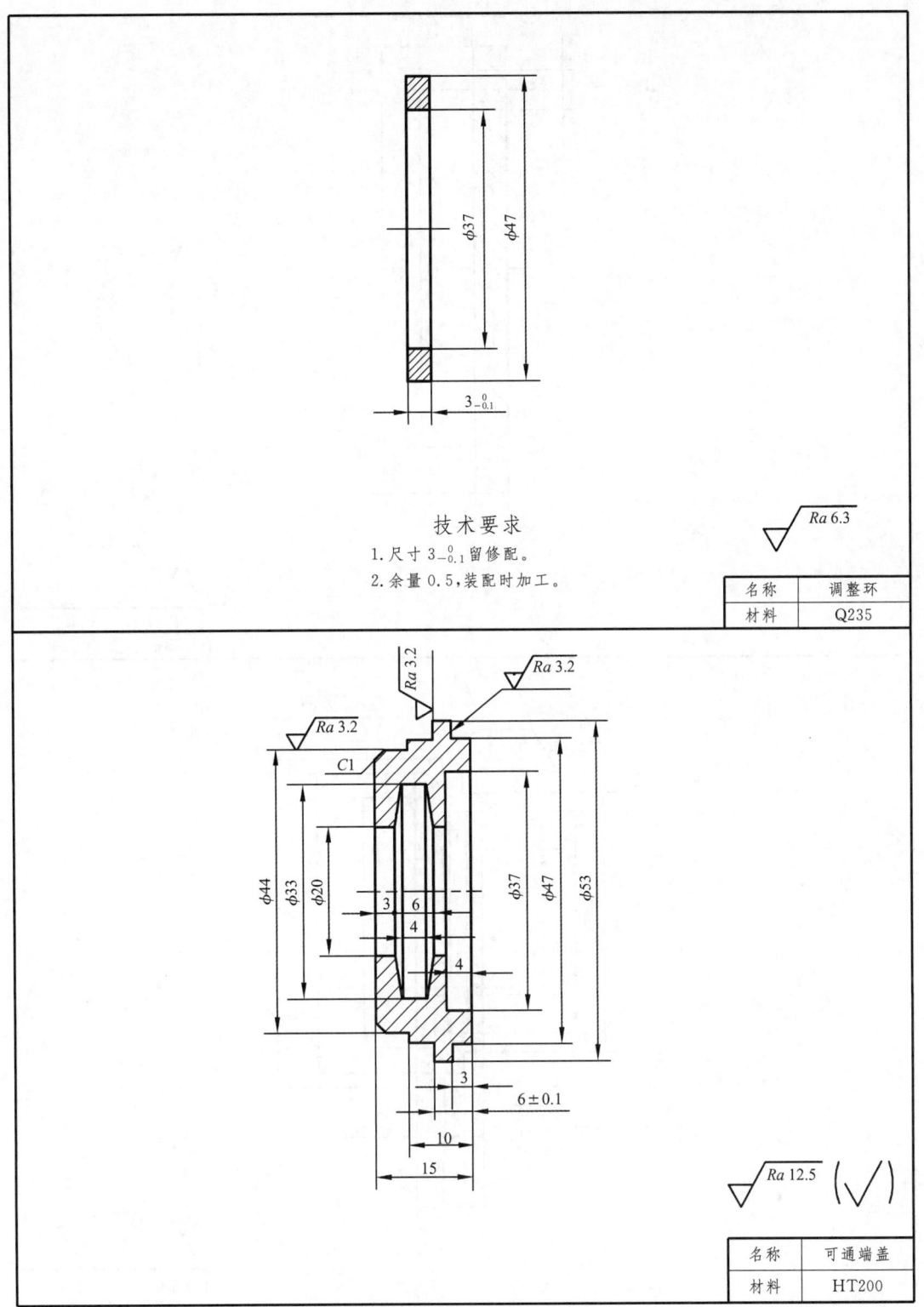

技术要求
1. 尺寸 $3_{-0.1}^{0}$ 留修配。
2. 余量 0.5，装配时加工。

名称	调整环
材料	Q235

名称	可通端盖
材料	HT200

图 2-5-23　调整环、可通端盖的零件图

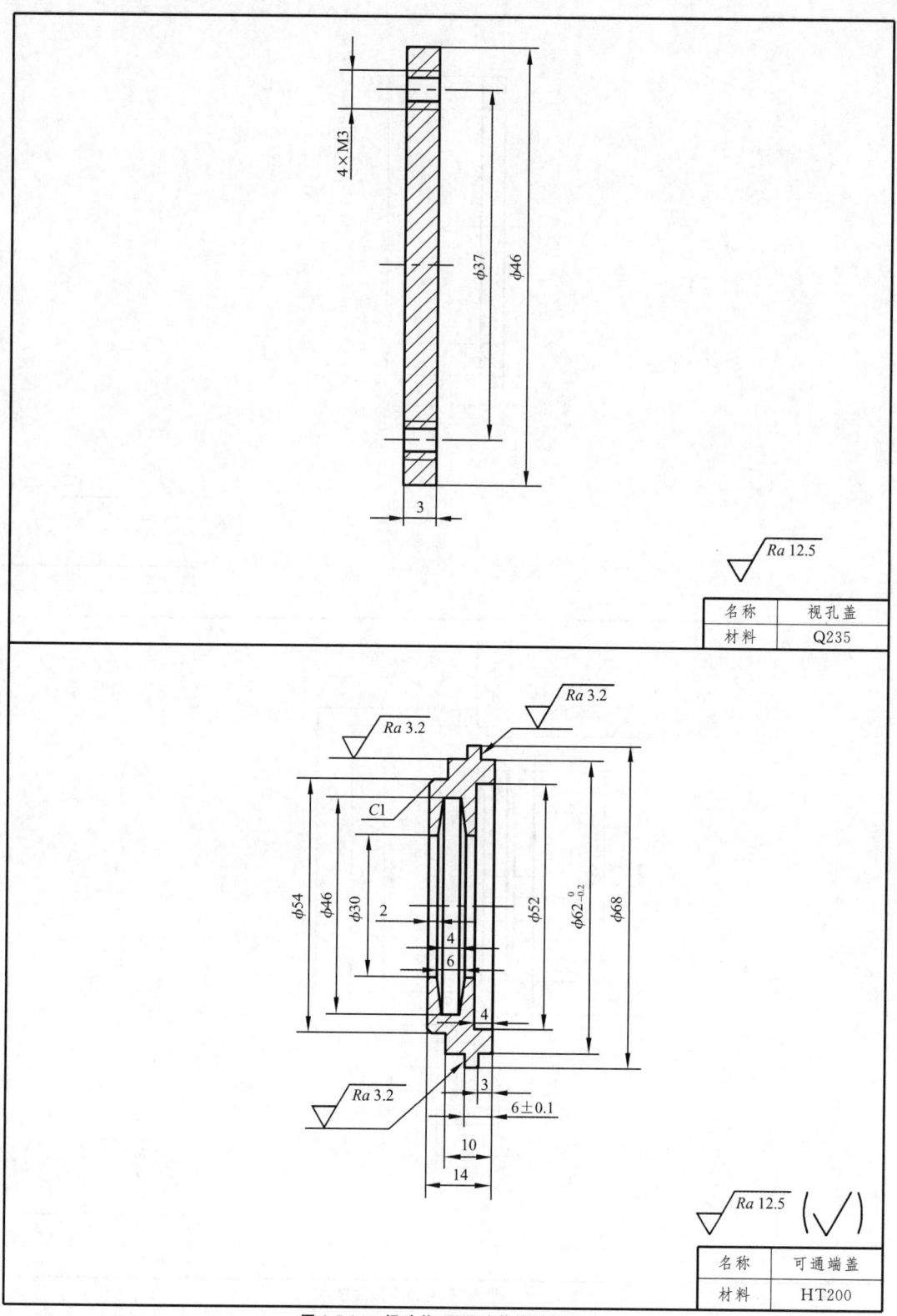

图 2-5-24 视孔盖、可通端盖的零件图

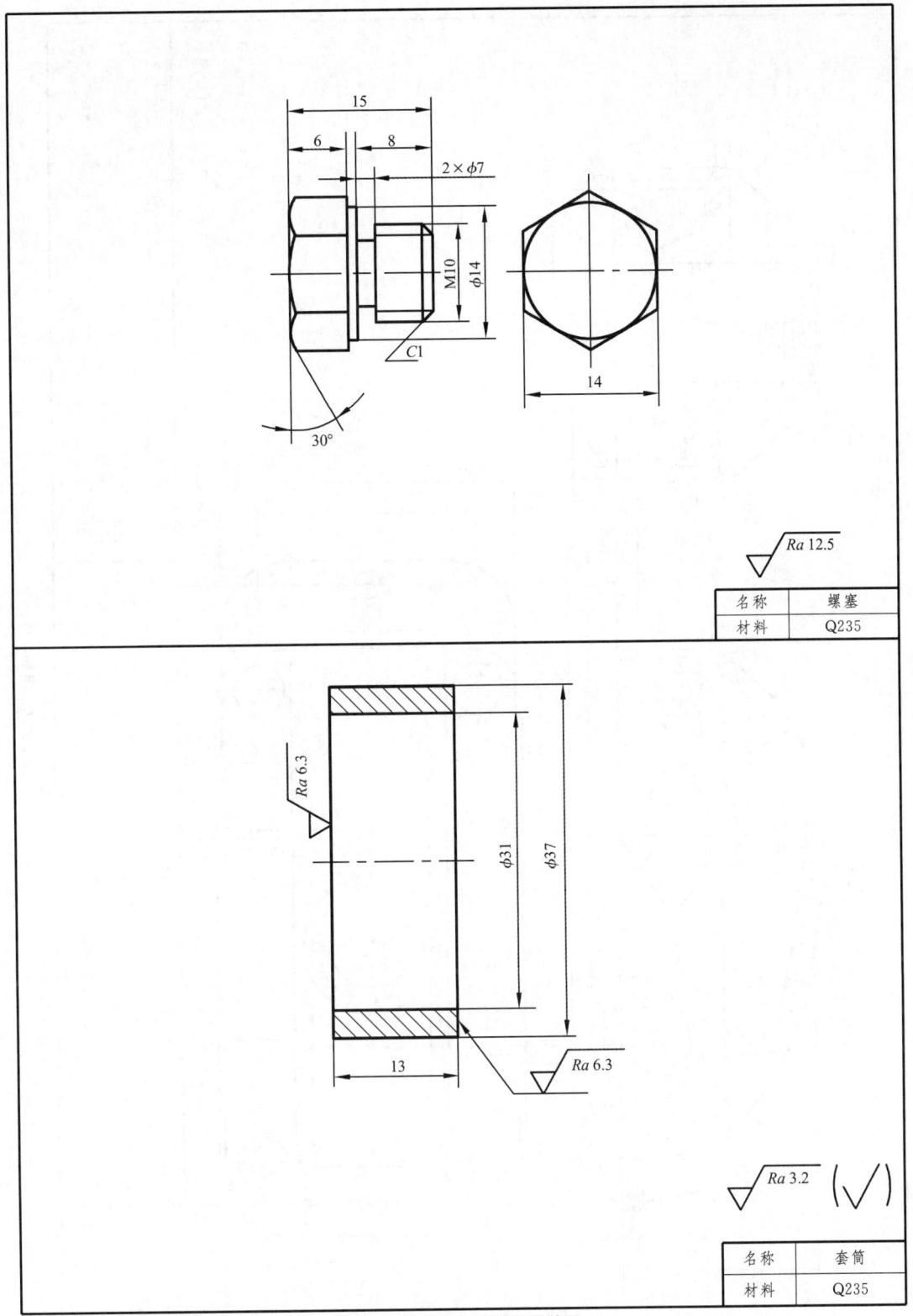

图 2-5-25　螺塞、套筒的零件图

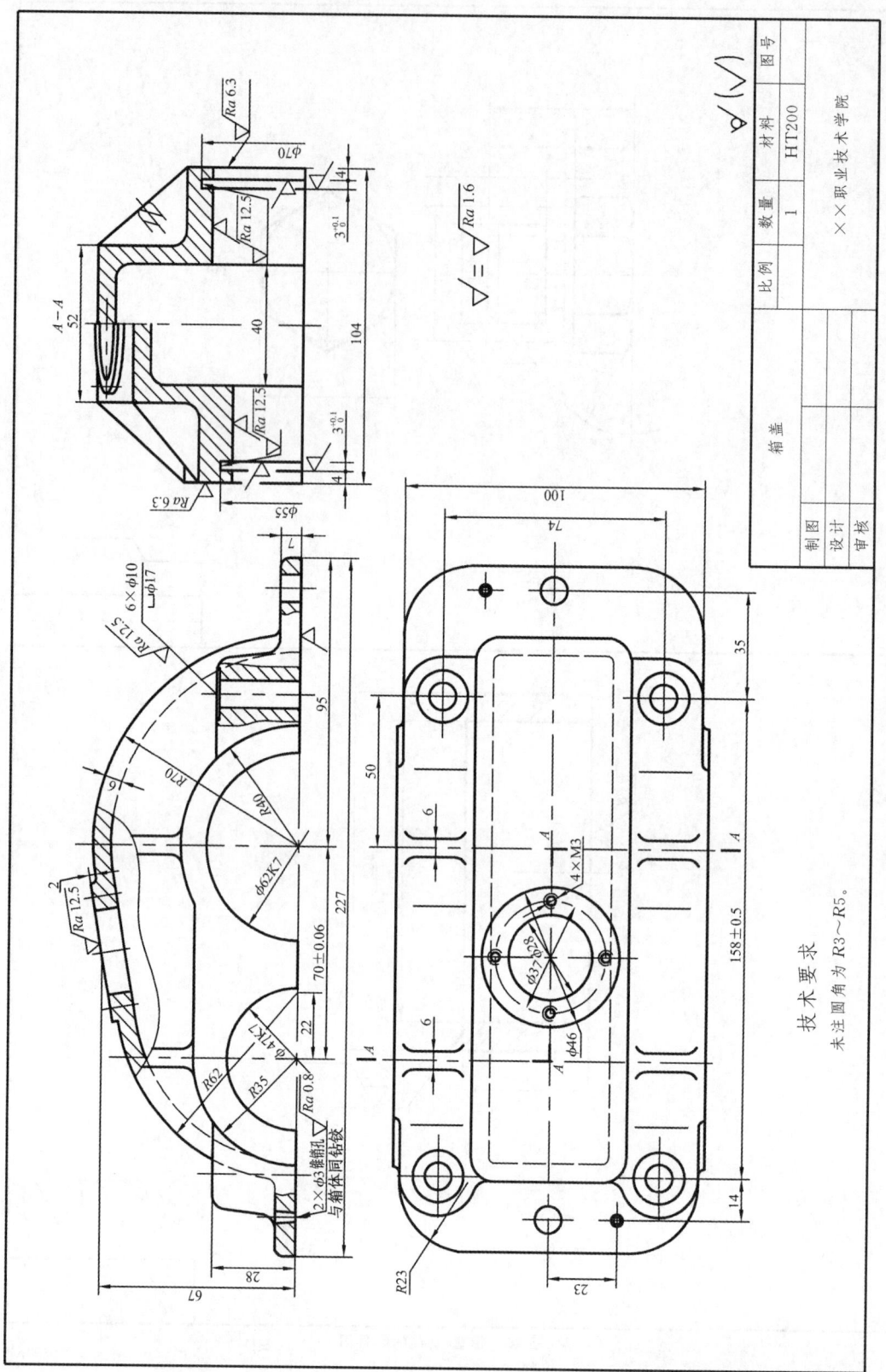

图 2-5-26 箱盖零件图

技术要求

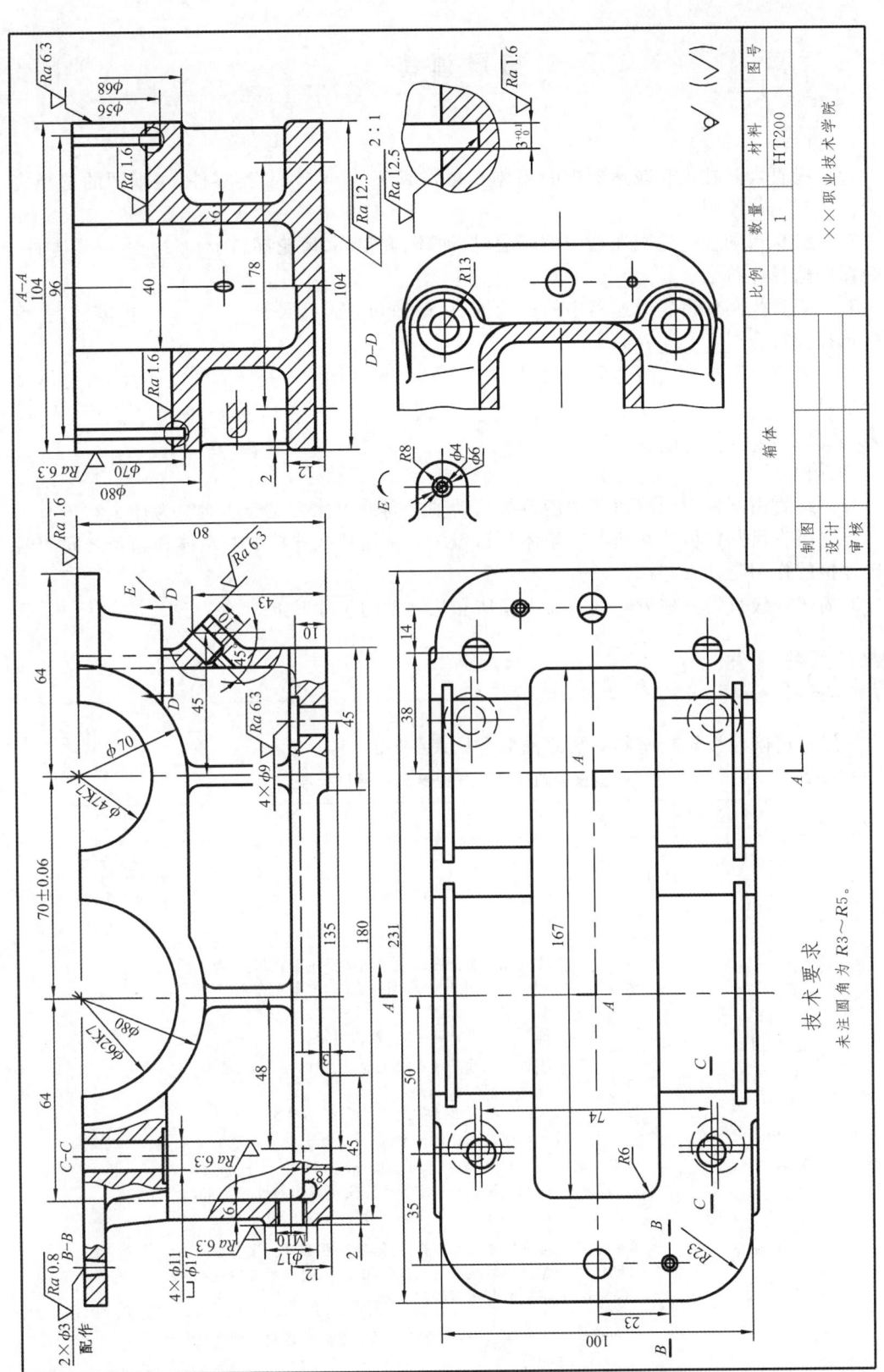

未注圆角为 R3～R5。

图 2-5-27 箱体零件图

拓展训练

一、填空

1. 一级直齿圆柱齿轮减速器中的箱体和箱盖属于_____类零件,主视图的选择应符合_____原则。

2. 一级直齿圆柱齿轮减速器中的端盖、挡油环、调整环、齿轮都属于_____类零件,主视图的选择应符合_____原则。

3. 一级直齿圆柱齿轮减速器中的齿轮轴、从动轴和套筒都属于_____类零件,主视图的选择应符合_____原则。

4. 一级直齿圆柱齿轮减速器装配图(图 2-5-19)中 70±0.03 是_____尺寸,总体尺寸分别是长度_____、宽度_____、高度_____,ϕ32H7/r6 是_____尺寸,安装尺寸是_____。

二、简答

1. 一级直齿圆柱齿轮减速器中齿轮与从动轴之间采用什么配合性质?为什么?

2. 一级直齿圆柱齿轮减速器中箱体和箱盖之间是用什么连接的?箱体和箱盖之间的两处销连接的作用是什么?

3. 简述一级直齿圆柱齿轮减速器中箱体和从动轴的尺寸基准。

成果评价

一级直齿圆柱齿轮减速器测绘评价标准见表 2-5-2。

表 2-5-2　　　　一级直齿圆柱齿轮减速器测绘评价标准

姓名		组别			组长			
评价项目	考核内容	评价方法	评价标准		得分			
					自我评价	组内互评	教师评价	
专业能力 70%	遵守《机械制图》和《技术制图》相关的国家标准,掌握并运用机械制图的基础知识(50%)	现场考核	图形表达(15%)	零件图和装配图的主视图选择正确,表达方案合理。主视图选择不合理或表达方案不完整,每出现一次扣 3 分。 图形中线型正确,错一处扣 1 分				
			尺寸标注(15%)	零件图尺寸基准选择正确,尺寸标注正确、清晰、完整、合理,错一处扣 1 分。 装配图标注必要的尺寸,缺一个扣 1 分				
			技术要求(10%)	零件图标注表面粗糙度、尺寸公差和几何公差等技术要求,缺一个或错误标注一处扣 1 分。零件图和装配图根据需要标注文字说明的技术要求,没有标注的缺一个扣 1 分				
			零件序号及明细栏(5%)	装配图要编写零件序号,绘制明细栏。没有编写零件序号或编写错误的扣 3 分;缺少明细栏或明细栏绘制错误的扣 2 分				
			图面质量(5%)	图面清洁,布图合理。对于图面质量较差的酌情扣分				

续表

姓名		组别			组长		
评价项目	考核内容	评价方法		评价标准	得分		
					自我评价	组内互评	教师评价
专业能力 70%	熟练使用绘图工具、仪器和量具等。积极参与，准确高效地进行测绘（20%）	现场考核	优秀（20%）	积极参与，准确高效地进行测绘。全勤			
			良好（15%）	比较积极参与，准确高效地进行测绘。全勤			
			中等（10%）	比较积极参与，比较准确地进行测绘。缺课1学时			
			合格（5%）	有限参与，在同学或老师的帮助下能够进行测绘。缺课1学时以上			
			不合格（0%）	未完成任务。缺课			
团队协作 10%	进行小组合作，完成测绘任务	现场考核		团队成员之间互相沟通、交流、协作，互帮互学，工作责任心强，具备良好的群体意识和社会责任			
职业素养 10%	按照"6S"标准要求，具有良好的工作习惯	现场考核		按照"6S"标准执行，具有良好的职业道德和吃苦耐劳的精神，安全操作，规范实施			
可持续发展 10%	自主学习和探索研究能力	任务单或线上考核		对老师布置的课前预习与资料查询和课后拓展训练的达成度			

参 考 文 献

1. 金大鹰.机械制图(机械类专业)(第三版).北京:机械工业出版社,2012
2. 刘哲,高玉芬.机械制图(机械专业)(第七版).大连:大连理工大学出版社,2018
3. 钱可强,邱坤.机械制图(机械类专业适用)(第二版).北京:化学工业出版社,2015
4. 苏采兵,王凤娜.公差配合与测量技术.北京:北京邮电大学出版社,2013
5. 黄小云.机械制图.北京:机械工业出版社,2012
6. 王晨曦.机械制图.北京:北京邮电大学出版社,2012
7. 梁德本,叶玉驹.机械制图手册(第三版).北京:机械工业出版社,2002
8. 吕天玉,张柏军.公差配合与测量技术(第五版).大连:大连理工大学出版社,2014
9. 高玉芬,刘宏丽.机械制图(非机械专业)(第五版).大连:大连理工大学出版社,2018
10. 吕波.工程制图.北京:北京邮电大学出版社,2013
11. 单士睿.机械制图测绘培训.北京:北京邮电大学出版社,2014